Bibliothek des Radio-Amateurs 29. Band

Herausgegeben von Dr. Eugen Nesper

Die kurzen Wellen

Sende- und Empfangsschaltungen

Von

Robert Wunder

Mit 98 Textabbildungen

Springer-Verlag Berlin Heidelberg GmbH 1926

ISBN 978-3-662-32360-1   ISBN 978-3-662-33187-3 (eBook)
DOI 10.1007/978-3-662-33187-3

Zur Einführung
der Bibliothek des Radio-Amateurs.

Schon vor der Radio-Amateurbewegung hat es technische und sportliche Bestrebungen gegeben, die schnell in breite Volksschichten eindrangen; sie alle übertrifft heute bereits an Umfang und an Intensität die Beschäftigung mit der Radio-Telephonie.

Die Gründe hierfür sind mannigfaltig. Andere technische Betätigungen erfordern nicht unerhebliche Voraussetzungen. Wer z. B. eine kleine Dampfmaschine selbst bauen will — was vor zwanzig Jahren eine Lieblingsbeschäftigung technisch begabter Schüler war — benötigt einerseits viele Werkzeuge und Einrichtungen, muß andererseits aber auch ein guter Mechaniker sein, um eine brauchbare Maschine zu erhalten. Auch der Bau von Funkeninduktoren oder Elektrisiermaschinen, gleichfalls eine Lieblingsbetätigung in früheren Jahrzehnten, erfordert manche Fabrikationseinrichtung und entsprechende Geschicklichkeit.

Die meisten dieser Schwierigkeiten entfallen bei der Beschäftigung mit einfachen Versuchen der Radio-Telephonie. Schon mit manchem in jedem Haushalt vorhandenen Altgegenstand lassen sich ohne besondere Geschicklichkeit Empfangsresultate erzielen. Der Bau eines Kristalldetektorenempfängers ist weder schwierig noch teuer, und bereits mit ihm erreicht man ein Ergebnis, das auf jeden Laien, der seine ersten radio-telephonischen Versuche unternimmt, gleichmäßig überwältigend wirkt: Fast frei von irdischen Entfernungen, ist es in der Lage, aus dem Raum heraus Energie in Form von Signalen, von Musik, Gesang usw. aufzunehmen.

Kaum einer, der so mit einfachen Hilfsmitteln angefangen hat, wird von der Beschäftigung mit der Radio-Telephonie loskommen. Er wird versuchen, seine Kenntnisse und seine Apparatur zu verbessern, er wird immer bessere und hochwertigere Schaltungen ausprobieren, um immer vollkommener die aus dem Raum kommenden Wellen aufzunehmen und damit den Raum zu beherrschen.

Diese neuen Freunde der Technik, die „Radio-Amateure", haben in den meisten großzügig organisierten Ländern die Unterstützung weitvorausschauender Politiker und Staatsmänner gefunden unter dem Eindruck des universellen Gedankens, den das Wort „Radio" in allen Ländern auslöst. In anderen Ländern hat man den Radio-Amateur geduldet, in ganz wenigen ist er zunächst als staatsgefährlich bekämpft worden. Aber auch in diesen Ländern ist bereits abzusehen, daß er in seinen Arbeiten künftighin nicht beschränkt werden darf.

Wenn man auf der einen Seite dem Radio-Amateur das Recht seiner Existenz erteilt, so muß naturgemäß andererseits von ihm verlangt werden, daß er die staatliche Ordnung nicht gefährdet.

Der Radio-Amateur muß technisch und physikalisch die Materie beherrschen, muß also weitgehendst in das Verständnis von Theorie und Praxis eindringen.

Hier setzt nun neben der schon bestehenden und täglich neu aufschießenden, in ihrem Wert recht verschiedenen Buch- und Broschürenliteratur die „Bibliothek des Radio-Amateurs" ein. In knappen, zwanglosen und billigen Bändchen wird sie allmählich alle Spezialgebiete, die den Radio-Amateur angehen, von hervorragenden Fachleuten behandeln lassen. Die Koppelung der Bändchen untereinander ist extrem lose: jedes kann ohne die anderen bezogen werden, und jedes ist ohne die anderen verständlich.

Die Vorteile dieses Verfahrens liegen nach diesen Ausführungen klar zutage: Billigkeit und Möglichkeit, die Bibliothek jederzeit auf dem Stande der Erkenntnis und Technik zu erhalten. In universeller gehaltenen Bändchen werden eingehend die theoretischen Fragen geklärt.

Kaum je zuvor haben Interessenten einen solchen Anteil an literarischen Dingen genommen, wie bei der Radio-Amateurbewegung. Alles, was über das Radio-Amateurwesen veröffentlicht wird, erfährt eine scharfe Kritik. Diese kann uns nur erwünscht sein, da wir lediglich das Bestreben haben, die Kenntnis der Radiodinge breiten Volksschichten zu vermitteln. Wir bitten daher um strenge Durchsicht und Mitteilung aller Fehler und Wünsche.

Dr. Eugen Nesper.

Vorwort.

Im unermüdlichen Kreislauf der Dinge kehrt auch in der Radio-Technik manches wieder, was längst als überwunden galt, wenn nicht gar schon der Vergessenheit anheimgefallen war. So nahmen wir unter anderem den von der Kathodenröhre einst schnöde verstoßenen Kontaktdetektor reumütig wieder auf, als die Rundfunksender auf der Bildfläche erschienen waren.

Am wenigsten erwartet wurde vielleicht die Rückkehr der kurzen Wellen. Wer den Werdegang der drahtlosen Nachrichtenübertragung aufmerksam verfolgt hat, konnte schwerlich ahnen, daß man in der technischen Weiterentwicklung plötzlich wieder auf kleine Wellenlängen zurückgreifen würde, nachdem man im Weltverkehr bei den sehr langen Wellen von 10 bis 24 000 Meter angelangt war. Zwar ist die junge Kurzwellentechnik momentan noch im Entwicklungsstadium begriffen, doch besteht wohl kaum noch ein Zweifel, daß sie sich einer keineswegs ungewissen Hoffnung erfreuen darf. Schon die bisherigen Ergebnisse sind überraschend genug, und die Zukunft verspricht noch viel mehr. Dem Radiofreund liegen die Kurzwellen vielleicht deshalb besonders nahe, weil schon mit sehr einfachen, billigen Anordnungen staunenswerte Erfolge möglich sind.

Ich folge daher gern einer Aufforderung des Herausgebers dieser Bibliothek, Herrn Dr. Nesper, das Manuskript zu einem K.W.-Bändchen zu schreiben, in der Hoffnung, daß vielen Bastlern eine Auswahl der geeignetsten Schaltungen und sonstigen Angaben erwünscht ist.

Zum Schlusse spreche ich der Verlagsbuchhandlung Julius Springer, Berlin, für die bei der Herstellung des Büchleins aufgewandte große Mühe und Sorgfalt meinen Dank aus. Weiterhin verbunden bin ich den verschiedenen Fachfirmen für entgegenkommende Überlassung von Abbildungen und sonstigen Unterlagen, sowie Herrn H. Steiniger-Davos, der mir reichhaltiges Zeitschriftenmaterial zur Verfügung stellte.

Kulmbach (Bayern), Februar 1926.

Robert Wunder.

Inhaltsverzeichnis.

Seite

I. Einleitung 1

II. Allgemeine Unterschiede zwischen Kurz- und Langwellen.
Eigentümlichkeiten kurzer Wellen 5
  a) Fading- und Freakeffekt 5
  b) Vorteile kurzer Wellen 5
    Größere Fernwirkung 5
    Geringerer Platzbedarf in der Wellenskala 5
    Möglichkeit größerer Telegraphiergeschwindigkeiten 6
    Reflexionsmöglichkeit 7
  c) Die Dämpfung 8
    Der verlustarme Kondensator 10
    Die verlustarme Spule 12

III. Sonstige Merksätze für Kurzwellenschaltungen 14
  a) Empfindlichkeit gegen äußere Kapazitäten und Abhilfe dagegen 15
  b) Die zunehmende Abstimmschärfe. Feinregulierungsnotwendig-
    keit 15
  c) Die Antenne 17
  d) Die Erde 19
  e) Das Gegengewicht 19
  f) Der Antennenkondensator 20
  g) Welche Röhren kommen in Frage ? 21
  h) Wie kommt man auf kürzere Wellen ? 22

IV. Kurzwellenempfänger 25
  a) Der Detektorapparat 25
  b) Der normale Rückkopplungsempfänger 25
  c) Die kapazitive Rückkopplung (Reinartz-Schaltung) 28
  d) Größenangaben zum Selbstbau eines Reinartz-Empfängers für
    Wellen zwischen 25 und 220 m 29
  e) Weitere Empfangsschaltungen 34
  f) Der Superheterodyneempfänger 39
    Der Grundgedanke 40
    Interferenz 40
    Der Überlagerer 42
    Praktische Ausführungsformen 45
    Der Hoch- oder Zwischenfrequenzverstärker 46
    Schaltungen 49
    Größenangaben zum Selbstbau eines Superheterodyneemp-
    fängers 52

Seite

V. Kurzwellensender 62

a) Der Rückkopplungsempfänger als Kleinsender 63
b) Amateursenderschaltungen 64
c) Kurzwellensender der Industrie 69
d) Sender für ultrakurze Wellen. 74
   Reinartz-Sender 74
   Symmetrieschaltungen 75

VI. Kurzwellenmesser. 78

a) Eine einfache Meßmethode 78
b) Der Summerwellenmesser. 81
c) Der Überlagerungswellenmesser 82
d) Kurzwellenmessung mit dem Numansschen Röhrengenerator 83
e) Die Eichung von Wellenmeßgeräten. 87
f) Messen von ultrakurzen Wellenlängen 89
g) Sonstige Meßinstrumente 91

**VII. Anhang: Allgemeine Abkürzungen des internationalen Radio-
verkehrs** 94

a) Abkürzungen im Schiffsverkehr 94
b) Abkürzungen im Überseeverkehr 95
c) Sonstige Abkürzungen der Praxis. 96
d) Nationalitätsbezeichnungen für Amateursender 97
Beispiel einer „QSL-Karte" 98

I. Einleitung.

Kurzwellige elektrische Schwingungen zu erzeugen, damit zu experimentieren und physikalische Entdeckungsreisen zu machen, nahm bereits das Hauptinteresse von Heinrich Hertz in Anspruch. Auch Marconi und die anderen Pioniere der Radiotechnik benützten bei ihren ersten Versuchen ausschließlich kurze Wellen. Freilich, der Begriff „Wellenlänge" war damals noch weniger interessant, man hatte vielmehr andere wichtigere Dinge im Kopfe und hielt die Frage der Wellenlänge als solche zunächst für nebensächlich. Die Begründung für den Gebrauch kurzer Wellen finden wir leicht in der Einfachheit der damals benützten Apparate. So war die Wellenlänge des Hertzschen Resonators durch seine nur geringe Kapazität und Selbstinduktion gegeben nnd betrug je nach Größe einige cm und auch m. Als es dann Marconi gelang, die elektrische Fernwirkung durch Anwendung seiner „Strahldrähte" erheblich zu verbessern, änderte sich mit deren Dimensionen auch die Länge der ausgesandten Wellen, doch man kümmerte sich wenig darum, ob nun $\lambda = 1{,}50$ oder aber 17 m betrug. Viel wichtiger, besser gesagt, allein wichtig war die Größe des überbrückten Abstandes, hing doch tatsächlich alles davon ab, ob es gelingen würde, nennenswerte Reichweiten zu erzielen, die eine praktische Anwendbarkeit der „Wellentelegraphie" erhoffen ließen. Interessant ist, daß niemand anders als gerade Heinrich Hertz auf eine diesbezügliche Frage geantwortet haben soll, er sehe in einer drahtlosen Telegraphie mittels elektrischer Wellen keine Zukunft! Doch war es bald geglückt, mehrere Kilometer Landes, selbst den Ärmelkanal, drahtlos zu überbrücken, nachdem man Senderenergie und Antennenhöhe planmäßig vergrößert hatte. Dabei ließ auch die starke Dämpfung der erzeugten Schwingungen den Begriff der Wellenlänge sehr verschwimmen, und niemand störte sich anfangs daran.

Als dann nach den Erfindungen Brauns die schädliche Dämpfung wesentlich verkleinert werden konnte, wonach man zum ersten Male von scharfer Abstimmung sprechen durfte, gewann die Frage der Wellenlänge schnell genug an Bedeutung. Und da fing man auch schon an, diese künstlich zu vergrößern, hauptsächlich deshalb, weil die bisherigen Erfahrungen eben gezeigt hatten, daß längere Wellen den kürzeren überlegen schienen und angeblich weniger Absorption erlitten; also größere Entfernungen zu überbrücken vermochten. Dann aber führte die andauernde Vergrößerung der Sendestationen und damit Antennendimensionen automatisch zu dem gleichen Resultat und so gelangte man schließlich zu den sehr langen Wellen von 10000 bis über 20000 m, mit denen die heutigen Großstationen im überseeischen Verkehr auch noch arbeiten. Mittlere und kleinere Sender erhielten sinngemäß kürzere Wellen und eine ganze Zeitlang waren die Wellen des internationalen Schiffsverkehrs zu 600 und 300 m die kürze-

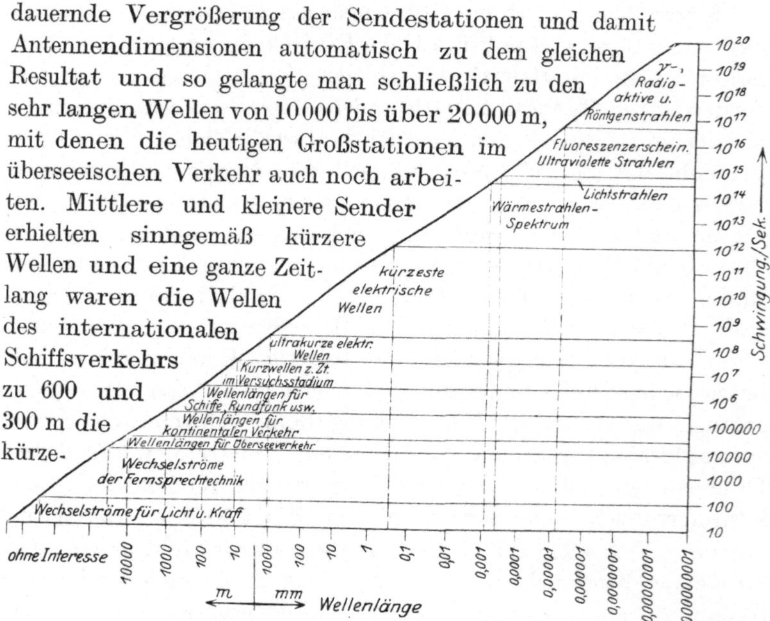

Abb. 1. Veranschaulichung des Gesamtgebietes aller elektromagnetischen Schwingungen.

sten „praktisch brauchbaren", nach derzeitigen Ansichten nämlich! Die graphische Darstellung in Abb. 1 gibt einen Überblick über das gesamte Gebiet aller elektromagnetischen Schwingungen, soweit es bis heute erforscht ist.

Eine weitere Steigerung der Stationsgrößen konnte deshalb nicht stattfinden, weil die unverhältnismäßig steil ansteigenden Bau- und Betriebskosten jede Rentabilität bedrohten. Auch wesentlich weiterverlängerte Wellen versprachen nichts Gutes mehr, denn die Antennenschwingungen wurden ja immer langsamer und träger. Auch der nötige Platz auf der Betriebswellenskala wurde schnell zu eng, nur noch einzelne Großsender konnten auf sehr langen Wellen ohne gegenseitige Störung untergebracht werden, und dann waren die Plätze ausverkauft! So hatte man in den letzten Jahren manche Sorgen, ohne daß sich eine befriedigende Lösung hätte finden lassen.

Bei der Einführung des Rundfunks in den verschiedenen Ländern war man sich darüber einig, daß hierfür nur Wellenlängen unter 1000 m in Frage kämen, und zwar aus mehrfachen Gründen. Mit Rücksicht auf die festgelegte Schiffswelle von 600 m ging man mit den Rundfunkwellen notgedrungen noch tiefer und setzte diese fast alle zwischen 250 und 550 m fest. Wohl befürchtete man gewisse Schwierigkeiten, und diese stellten sich auch prompt ein, sowohl in sende-, als auch empfangstechnischer Hinsicht, jedoch der Pessimismus des geringeren Durchdringungsvermögens infolge erhöhter Absorption unterwegs schien bald genug als unbegründet. Ja man fand sogar, daß die verhältnismäßig schwachen Rundfunksender nachts viel weiter zu hören waren als man eigentlich hätte erwarten dürfen.

Das Radio-Amateurwesen setzte ein und zwar zunächst in Amerika, wo es sich bald qualitativ und quantitativ ganz außerordentlich entwickelte. Eben, als dort ein wüstes Durcheinander offizieller und privater Sendestationen die ganze Sache in Mißkredit zu stürzen drohte, schuf eine behördliche Regelung die nötige Ordnung: Man teilte den Amateursendern einen eigenen Wellenbereich zu, und zwar ging man, der Not gehorchend, wiederum tiefer, d. h. auf 200 m und darunter. Niemand versprach sich von solch kurzen Wellen Gutes, allein die „brauchbaren längeren" Wellen mußten unter allen Umständen dem öffentlichen Interesse vorbehalten bleiben, und die „kürzeren, weniger geeigneten" waren gut genug für den Funkfreund und seine Bastelei!

Und dann kam die große Überraschung! Eine gänzlich unerwartete Wendung der Dinge: Es zeigte sich, daß man die Fähigkeiten der kurzen Wellen ganz gehörig unterschätzt hatte. Die sich häufenden Berichte über erstaunlich große Reichweiten mit geradezu verschwindenden Sendeenergien beleuchteten die Kurzwellenfrage von einer ganz anderen Seite, es schien vielmehr, als ob im Gegensatz zu den bisherigen Überlieferungen gerade kurze Wellen eine besonders große Fernwirkung zuwege bringen können. Im weiteren Verlaufe der zahllosen Amateurversuche wurden die bisherigen Resultate nicht nur bestätigt, sondern noch weit übertroffen. Mit nur wenigen Watt Energie und 200 m Wellenlänge wurde zur Nachtzeit der atlantische Ozean überbrückt. Ein Engländer erhielt die fast unfaßbare Mitteilung aus Kapstadt, daß ein dortiger „Lauscher" seine Signale empfangen habe, die er mit Hilfe einer, wenn auch fürchterlich überlasteten Empfangsröhre und ganz primitiver Anordnung ausgesandt hatte, um seinen wenige Kilometer entfernten Freund zu erreichen! Bald darauf brachten die Fachblätter einen neuen Rekord: Nicht einer, sondern gleich fünf Amateursender auf Neuseeland wurden in Europa und Amerika gehört. Einer von diesen konnte sogar auf die Dauer von zwei Stunden mit seinem Partner in England in wechselseitige Unterhaltung treten. Diese und beliebig viele weitere Erfolge haben die kurzen Wellen rasch interessant gemacht. Nach anfänglichem, sehr berechtigtem Pessimismus begeisterte sich endlich auch die Fachwelt für die Angelegenheit und seit etwa $1^1/_2$ Jahren treffen wir auf vielen Großstationen neben den riesigen Maschinensätzen von 500 Kilowatt für die Langwelle auch kleine Kurzwellensender geringer Leistung. So arbeitet in Nauen neben der 18000 m-Welle noch eine versuchsweise Kurzwelle von z. Z. 26 m und es scheint, daß der Empfang des kleinen Senders in Buenos-Aires während der Nachtstunden oft den des Großsenders übertrifft. Ähnliche Resultate scheint der niederländische Radiodienst auf der Linie Amsterdam-Bandoeng (Java) erhalten zu haben. So sind Fälle bekannt, wobei der große Maschinensender nachts Codeworte dreimal mit einer Geschwindigkeit von nur 60 Buchstaben in der Minute senden mußte, während der Kurzwellensender auf 25 m nur zweimal bei 100 Buchstaben zu geben brauchte. Auch war letzterer gelegentlich bereits am frühen Nachmittag in Indien zu hören, während die lange Welle noch nicht aufzufinden war.

Wenngleich die allermeisten dieser Erfolge nur nachts möglich waren, so ist doch kaum noch ein Zweifel darüber, daß die kurzen Wellen in der nächsten Zukunft bereits einen wichtigen, vielleicht führenden Platz in der gesamten Radiotechnik einnehmen werden.

II. Allgemeine Unterschiede zwischen Kurz- und Langwellen. Eigentümlichkeiten kurzer Wellen.

Die praktische Einführung der schon verhältnismäßig kurzen Rundfunkwellen im Verein mit den zahlreichen Beobachtungsmöglichkeiten durch Hunderttausende und unter den verschiedensten Vorbedingungen zeitigte bereits höchst merkwürdige Resultate, Erscheinungen, die früher unbekannt waren. Wußte man von den alten Langwellen bereits, daß die Empfangslautstärke bei großen Entfernungen nachts erheblich anstieg, so war man doch nicht wenig überrascht, bei kurzen Wellen eine vielmals größere Steigerung der Empfangsintensität während der Dunkelheit zu bekommen. Hand in Hand hiermit schnellte natürlich die überbrückbare Entfernung in die Länge, und die Fachleute fanden wieder einmal, daß der Mensch doch niemals auslernt.

a) Fading- und Freakeffekt.

Da zeigten sich auch schon neue, fremdartige Dinge: Der Schwund- oder Fadingeffekt (engl. to fade = vergehen, absterben, verblassen), jenes rätselhafte, unberechenbare langsame Abflauen und Wiederkommen der normalen Lautstärke entfernter Kurzwellensender, deren einwandfreie wissenschaftliche Erklärung zur Zeit noch aussteht. Auch der umgekehrte Fall, das zeitweilige Anschwellen der Feldstärke selbst der entlegensten Sender, der sog. Freakeffekt (freak = plötzlicher Einfall, Laune), mußte aufs höchste überraschen. Der Freakeffekt, auch als „negatives Fading“ bezeichnet, trägt wohl den Hauptanteil an den überraschenden Riesenreichweiten mit geringen Energien, ist aber praktisch nur von untergeordneter Bedeutung.

b) Vorteile kurzer Wellen.

Ein in seinem vollen Umfang heute noch kaum zu übersehender eminenter Vorzug kurzer Wellen liegt darin, daß die einzelnen Sender mit abnehmender Welle immer enger aneinanderrücken dürfen, ohne sich zu stören. Schon heute ist die Frage der Störungsfreiheit Gegenstand ernsthafter Erörterungen geworden, und nicht nur die langwelligen Großsender, nein, auch die mittleren und selbst die kleinen Rundfunkwellen leiden bereits an „Übervölkerung“ und fordern dringend „Neuland“. Dieses aber steht nun in dem

Bereiche der Kurzwellen bereit, und zwar ist es von ganz gigantischen Dimensionen, wie folgende Überlegung zeigt:

Ausgehend von einem Platzbedarf von 12000 Schwingungen für einen modulierten (= Telephonie) Sender, wäre es z. B. in dem gesamten Wellenbereich von 10000 bis 20000 m nicht gut möglich, mehr als einen einzigen Telephoniesender unterzubringen, eine für Langwellen unumstößliche Tatsache. Die Frage der Störungsfreiheit steht ja weniger in Abhängigkeit von der Wellenlänge als von der Frequenz. Es ist deshalb weniger glücklich, überhaupt von Wellenlängen zu reden, viel logischer und, wie wir später sehen werden, auch viel praktischer, wäre die Angabe der Frequenzen. In verschiedenen ausländischen Zeitschriften wird auch schon seit langem für die „Tausendperioden"- Einheit (Kilocycles) geworben. Mit abnehmender Welle schafft die steigende Frequenz mehr Platz und zwischen 10000 und 1000 m könnten etwa 20 bis 25 Sender ungestört nebeneinander arbeiten. Das für den Rundfunk zum Teil in Frage kommende Wellenband von 1000 bis 100 m hat schon Raum für ca. 250 verschiedene Telephoniewellen, wobei man aber durch geringere Frequenzdifferenzen, ja sogar gleiche Wellen bei genügendem Abstand noch mehr Sender dazwischen setzen wird. Das Kurzwellenstück zwischen 100 und 10 m gibt schon der stattlichen Zahl von 2500 Telephonie- oder der zehnfachen Zahl Telegraphiesendern Unterkunft und diese Zahlen steigen schließlich bei den ultrakurzen Wellenlängen auf resp. 25000 und 250000 Sender für den Wellenbereich 10 bis 1 m. Bis zum Grenzwert der elektrischen Schwingungen, d. h. der Übergangsstelle in das Gebiet der Wärmewellen (bei ungefähr $^1/_3$ mm Wellenlänge) ist eine noch ungeheuere Strecke frei, und die Technik der Zukunft wird dafür wohl Verwendung finden!

Eine andere Eigenschaft von großer Wichtigkeit wurde schon vor der Einführung kurzer Wellen erkannt: Die außerordentlich raschen Schwingungen kurzwelliger Telegraphiesender gestatten eine beträchtliche Erhöhung des Sendetempos. Während langwellige Schnellsender bei ungefähr 100 Worten in der Minute eine von der sog. Zeitkonstante abhängige natürliche Höchstgrenze erreichen, kann man bei Kurzwellen die Telegraphiergeschwindigkeit praktisch soweit steigern, als es die mechanischen Teile an Schnellsender und -empfänger eben zulassen.

Die mechanische Vervollkommnung aber, wie auch die notwendig hohe Wellenkonstanz brauchen uns dann weniger Sorgen zu machen.

Sehr wertvoll ist ferner die Möglichkeit der Reflexion kurzer Wellen. Ähnlich wie beim Scheinwerfer lassen sie sich, im Brennpunkte eines „Parabolspiegels" vereinigt, nach einer ganz bestimmten Richtung hinwerfen, wobei die Feldstärke im „Strahlenkegel" naturgemäß eine konzentrierte, viel größere ist als sie es ohne Spiegel wäre, während sie hinter und seitlich des Spiegels ziemlich Null wird. In Abb. 2 ist die bekannte

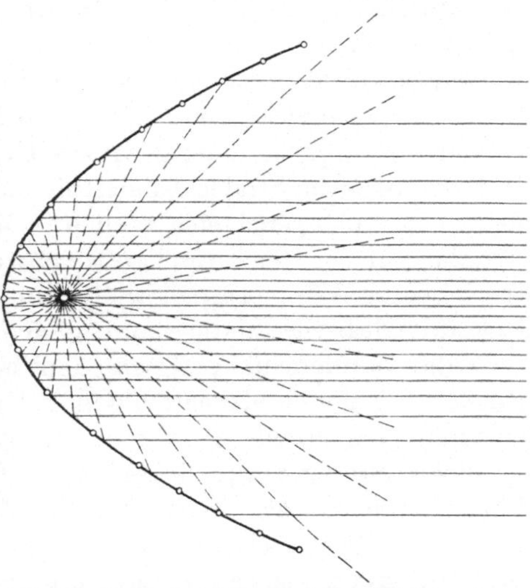

Abb. 2. Reflexion irgendwelcher Wellen, deren Quelle im Brennpunkt einer Parabel liegt.

Parabel angedeutet, die das Prinzip ohne weiteres erklärt. Die Reflexion langer Wellen war deswegen undurchführbar, weil die erforderlichen elektrischen Reflektoren notwendig riesengroß und kostspielig werden müßten, denn der Brennpunktabstand, zum Teil auch die übrigen Größen der Parabel sind starr an die zu reflektierende Wellenlänge gebunden (siehe Abb. 3). Bei sehr kurzen Wellen (Hertz, Marconi) dagegen wird der Reflektor verhältnismäßig klein, so daß eventuell mehrere zusammen in einem Gebäude Platz finden und jeder einzelne nach Belieben gedreht werden kann. Als Reflektor verwendete Hertz hauptsächlich Brennspiegel, Marconi dagegen ein System vertikaler Drähte in Fom eines

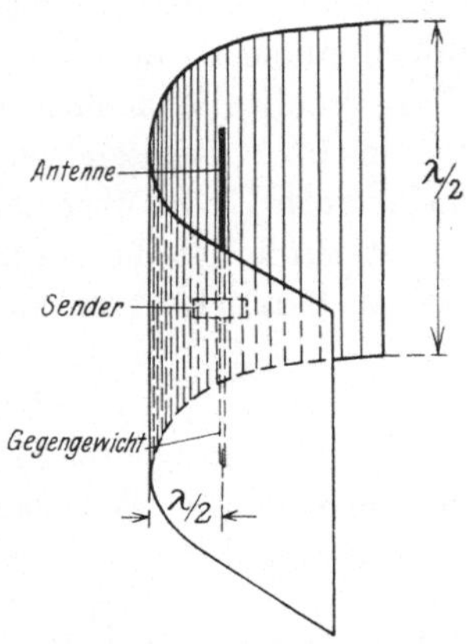

Abb. 3. Der Reflektor für kurze Wellen nach Marconi.

parabolischen Zylinders aufgehängt, und je auf die Sendewelle abgestimmt. Die Abstimmung wird am besten durch
die natürliche Eigenwelle der Drähte, also durch deren Länge
und Abstand gewählt. Antenne und Gegengewicht des Senders liegen dann genau in der Brennpunktachse des Systems.
Marconis zahlreiche Versuche mit reflektierten Wellen (beam-
transmitter) ergaben unter gewissen Umständen eine Steigerung
der Feldstärke im Strahlenbündel bis zum zweihundertfachen der
normalen, nicht gerichteten Wellen. Die Bedeutung dieser Idee
liegt klar auf der Hand: Größere Reichweiten bei gleicher Energie,
also besserer Wirkungsgrad, weiterhin größere Störungsfreiheit,
dergestalt, daß viele Stationen mit gleicher Welle arbeiten können,
wenn die Senderichtung verschieden ist, fernerhin gewisse Ge-
heimhaltung der zu übermittelnden Telegramme, da ein Empfang
außerhalb des Strahlenkegels nicht möglich ist. Schließlich ließe
sich noch eine doppelte Reflexion in Höhe der sog. Heaviside-
Schicht verwirklichen, so daß der Empfang tatsächlich nur noch
an der gewollten Stelle möglich wäre. Doch ist in dieser Richtung erst noch manche weitere Vorarbeit zu leisten. Kleinere
„Radioleuchttürme“, wie man die Strahlensender nennt, sind
versuchsweise an einigen Stellen Englands im Betrieb und dienen
der Schiffahrt.

Diesen verschiedenen Vorteilen stehen naturgemäß auch verschiedene Nachteile gegenüber, doch wird man erst sorgfältig
prüfen müssen, ob diese wirklich besonders ins Gewicht fallen.
Diese Nachteile können nämlich durch zweckmäßige Konstruktion leichter ausgeglichen werden als es zuerst scheinen möchte,
und letzten Endes überwiegen die Vorteile noch um ein Gewaltiges.
Da ist zunächst die Dämpfung zu verzeichnen, die sich um so
stärker bemerkbar macht, je höher die Schwingungszahl steigt.

c) Die Dämpfung.

Der Empfang drahtloser Schwingungen setzt stets einen auf
die betreffende Wellenlänge, besser Frequenz, abgestimmten
Schwingungskreis voraus, d. h. eine Kombination von Selbstinduktion und Kapazität passender Größenordnung. Es zeigt
sich bekanntlich, daß beide Faktoren gleich wichtig sind und
keiner fehlen darf. Bereits bei den Langwellen wandte man
schon äußerste Sorgfalt auf, um die sog. Dämpfung so gering

als nur möglich zu halten, da von ihr Wirkungsgrad (Lautstärke) und Selektivität (Abstimmschärfe) abhängen. Es wird gut sein, hier einige Zeit zu verweilen, da die Dämpfung zur Güte eines Apparates in einem reziproken Verhältnis steht und diese bei kurzen Wellen von ganz besonderer Wichtigkeit wird.

Für die Empfangsseite gilt nun allgemein folgendes: Die Lautstärke der empfangenen, nicht verstärkten Signale wird um so größer, je geringer die Gesamtdämpfung des Empfangskreises ist, mit anderen Worten, der wenig gedämpfte Apparat wird unter sonst gleichen Verhältnissen besser resp. weiter empfangen als der stark gedämpfte. Und: Ein bestimmtes Empfangssystem mit gegebener Dämpfung wird kürzere Wellenlängen schwächer wiedergeben als längere bei der gleichen Feldstärke, denn die Dämpfung wirkt bei höheren Frequenzen unverhältnismäßig viel nachteiliger als bei niederen.

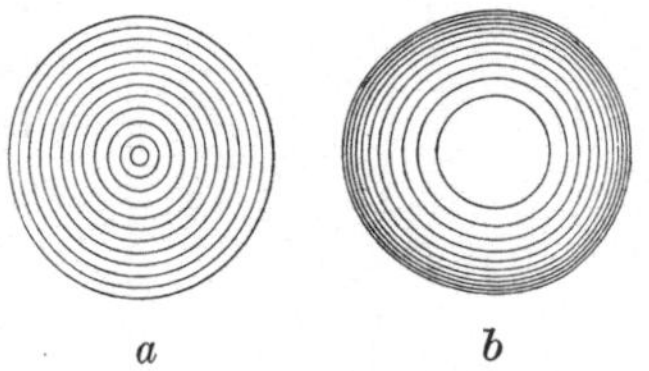

Als Dämpfungsursache kennen wir die Gesamtheit aller elektrischen Energieverluste irgendwelcher Form, wie:

Abb. 4. Andeutung des Skineffektes: *a*) Gleichstrom füllt den Leiterquerschnitt gleichmäßig aus, *b*) hochfrequenter Wechselstrom meidet das Innere.

a) Wärmeverluste, bedingt durch den Ohmschen Widerstand in den Leitern, schlechte Kontakte,

b) Verluste durch Ableitung (bei mangelhafter Isolation!),

c) Wirbelstromverluste (Induzierung von Strömen in massiven Metallteilen),

d) Hysteresisverluste (eine Art elektrischer Trägheit, hervorgerufen durch rasches, fortgesetztes Ummagnetisieren oder Umladen von Eisen- resp. Isolierteilen),

e) Skin- oder Hauteffekt, d. h. die Eigenschaft hochfrequenter Schwingungen, nicht den gesamten Leiterquerschnitt voll auszunützen, sondern sich mit Vorliebe an dessen Mantelflächen zusammenzudrängen, was einer scheinbaren Erhöhung des Widerstandes gleichkommt (siehe Abb. 4).

Abgesehen von den beiden erstgenannten Verlustarten, handelt es sich um ausgesprochene Wechselstromverluste, die um so empfindlicher fühlbar werden, je höher die Frequenz, also je kürzer die Welle wird. Abb. 5 zeigt zwei Abstimmkurven (Resonanzkurven) a) für einen stark gedämpften, b) für einen schwach gedämpften Schwingungskreis. Die Überlegenheit des letzteren geht insbesondere schon aus der größeren Amplitude, d. h. größeren Lautstärke hervor. Rechnen wir die augenblicklich praktisch verwendeten Wellenlängen von 24000 bis zu etwa 24 m herab auf Frequenzen um, so erhalten wir die stattlichen Unterschiede von 12500 bis 12500000 oder 1:1000. Hieraus geht bereits hervor, daß für Kurzwellenschaltungen nur noch sehr zweckmäßig und möglichst verlustarm gebaute Schwingungselemente in Frage kommen können.

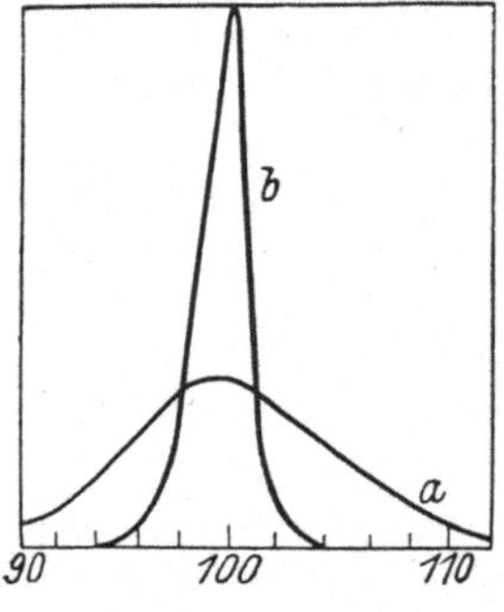

Abb. 5. Resonanzkurve für zwei Schwingungskreise verschiedener Dämpfung.

Der verlustarme Kondensator. Bei den Kondensatoren kann man in der Hauptsache dreierlei Arten von Verlustquellen unterscheiden, nämlich Ableitungs-, Hysteresis- und Widerstandsverluste. Die Ableitungsverluste sind lediglich auf schlechte Isolation zwischen beiden Belegen zurückzuführen (z. B. Feuchtigkeit, Staub, mangelhafte Isolierstoffe usw.). Sie sind vielleicht die hartnäckigsten, da man sie nicht ohne weiteres feststellen kann. Drehkondensatoren mit metallnen Endplatten, bei denen die drehbare Achse lediglich durch einen schmalen Isolierring getrennt ist, sind stets verdächtig. Ähnliche Konstruktionen jedoch, bei welchen Achse und Metalldeckplatte gleiches Potential besitzen, also in leitender Verbindung stehen, können unter Umständen besonders gut sein. Hierauf wird später nochmals zurückgekommen werden. Hysteresisverluste treten im Dielektrikum auf und sind bei Luftkondensatoren verschwindend gering, können aber bei gewissen Papier- u. a. Kondensatoren hohe Werte annehmen. Neuerdings sind auch feste Luftkondensatoren im Handel, die sich für Kurzwellen besonders empfehlen lassen. Energieverluste durch Serienwiderstände endlich sind stets dann möglich, wenn die Zuführung zu den beiden Belegen nicht erstklassig, d. h. metallisch, sondern mehr oder minder mangelhaft ausgeführt ist. Sehr häufig gilt dies für den drehbaren Teil bei variablen Kondensatoren, bei welchen der Fabrikant die

Achsenreibung als ideale Stromzuleitung beschaute. Meistens verraten sich derartige Bauwerke von selbst durch ihr entsetzliches Krachen bei der Bedienung. Schlimmer wird der Fall aber, wenn ein derartiger Kondensator doch benützt wird, in der Meinung, daß nach erfolgtem Einstellen wieder Ruhe herrscht. Gewiß kann das der Fall sein, wer kann jedoch wissen, welch schädlicher Übergangswiderstand sich dann gerade eingeschlichen hat? Gerade bei Kurzwellen müssen derartige unsichere Glieder streng vermieden werden. Sie können durch Anlöten einer kleinen Spiralfeder an die Achse in einfacher Weise umgangen werden, freilich setzt diese wiederum Begrenzungsstifte voraus, die das Durchdrehen über 180 nach 360° usw. verhindern, ebenfalls eine selbstverständliche Forderung, gegen die heute immer noch gesündigt wird. Das Durchdrehenlassen nach Belieben raubt zunächst jede Orientierung über Anfang und Ende und gibt zu Irrtümern Anlaß, da ja jede Station scheinbar zweimal empfangen wird. Bei sehr kurzen Wellen muß darauf geachtet werden, daß die einzelnen Gänge der Spirale sich nie berühren, da sonst kleine Sprünge in der Abstimmung eintreten können. Es gibt auf dem deutschen Radiomarkt bereits mehrere erstklassige Drehkondensatoren, bei denen alle diese Fehler vermieden sind.

Jeder Kurzwellenkondensator soll eine möglichst geringe Anfangskapazität haben. Von dieser hängt sowohl die kleinstmögliche Welle wie auch der gesamte Wellenbereich wesentlich mit ab. Drehkondensatoren, bei denen die drehbaren Platten sich überhaupt nicht vollständig und allseitig aus den feststehenden herausdrehen lassen, sind unbrauchbar. Besonders geringe Nullkapazität besitzen gute Ausführungen der sog. Nierenplatten-Kondensatoren. Schon aus diesem Grunde sind sie den älteren halbkreisförmigen vorzuziehen, unter der Bedingung, daß sie den übrigen Gesichtspunkten genügen. Zu empfehlende Typen sind die Drehkondensatoren „Förg", sowie der Präzisionskondensator der Firma G. Schaub, Elektrizitätsgesellschaft m. b. H. in Charlottenburg. Auch andere Fabrikate sind brauchbar, doch sei man beim Einkauf recht kritisch und achte nur auf die Ausführung, weniger auf den Preis. Übrigens kann die gewünschte geradlinige Eichkurve, d. h. Proportionalität der Wellenlänge mit dem Drehwinkel des Kondensators nur dann annähernd verwirklicht werden, wenn die Kapazitätszunahme tatsächlich in quadratischem Verhältnis stattfindet. Die Bezeichnung „nierenförmig" sagt an sich natürlich noch nichts, richtiger ist die englische Bezeichnung „square law condenser", also ein „Kondensator nach quadratischem Gesetz". Auch in diesem Falle ist die „gerade Linie" nicht ganz im mathematischen Sinne aufzufassen, da sie nämlich durch nennenswerte Nebenkapazitäten, Eigenkapazität der Spule u. a. etwas „gekrümmt" wird. Eine mathematische Gerade ließe sich nur für einen ganz bestimmten Fall, und selbst dann nur unter größten Schwierigkeiten, erreichen. Doch ist bei kapazitätsarmen Schaltungen, wie sie in diesem Büchlein allein in Frage kommen, die Abweichung nur gering und wird die Gerade praktischen Verhältnissen vollauf genügen.

Die verlustarme Spule. Neben dem Kondensator spielt die Spule eine Hauptrolle, und zwar verdient diese eine ganz besondere Beachtung, denn ihre Verlustquellen sind in der Regel noch viel unheilvoller als die des Kondensators.

Außer den schon beim Kondensator erwähnten Punkten, hinsichtlich Ableitung bei schlechter Isolation und Serienwiderstand bei unvollkommenen Kontakten, treten am nächsten die Wirbelstrom-Verluste auf: Wird eine Spule von Wechselströmen durchflossen, so bildet sich ein magnetisches Kraftlinienfeld (Wechselfeld) aus, welches im Innern der Spule am stärksten ist, und nach außen hin rasch abnimmt. Trifft dieses Feld irgendwelche massiven Leiter, dann werden in ihm Wechselspannungen induziert, die sich wie unendlich viele kleine Kurzschlüsse auswirken und deren Energieverbrauch über das Magnetfeld von dem Spulenstrom bestritten werden muß. Die Wirbelströme stellen also reine Verluste dar, in der Starkstromtechnik reduzieren sie den Wirkungsgrad und erwärmen die Metallteile, in der Radiotechnik bedingen sie eine Dämpfungszunahme. Ihre Größe hängt sowohl vom spezifischen Widerstand wie auch von der Masse des schädlichen Metalls, als auch ganz besonders von der Frequenz der Wechselströme, also der Wellenlänge ab. Mit kürzerwerdender Welle steigen die Wirbelstromverluste stets steiler, ungefähr in quadratischem Verhältnis, an.

Als einziges Heilmittel dagegen gilt die Vermeidung jeglicher Metallteile in und nahe der Spule. Die im eigenen Kupferdraht induzierten Wirbelströme sind nur schwer zu vermeiden.

Wählt man deshalb sehr dünnen Draht, so steigt der Ohmsche Widerstand in unzulässiger Weise, bei dicken Drähten wird der Wirbelstromverlust größer. Die Verwendung der sog. **Hochfrequenzlitze**, einer äußerst fein unterteilten Litze aus z. B. dreimal 50 je 0,07 mm starken Drähtchen, von denen jedes einzelne isoliert und mit den übrigen verdrillt ist, gibt wesentliche

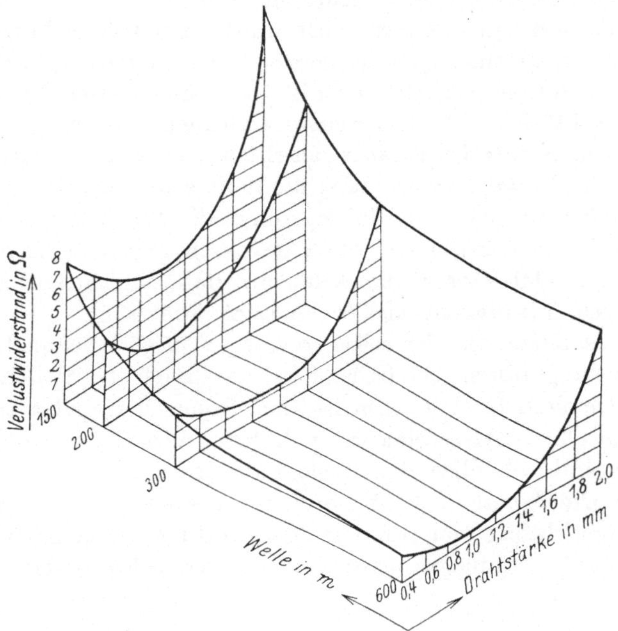

Abb. 6. Darstellung des Zusammenhanges zwischen Wellenlänge, Drahtstärke und Verlustwiderstand.

Verbesserung, auch zur Vermeidung des Haupteffektes, jedoch nicht uneingeschränkt; wie R. Lindemann[1]) 1909 feststellte, wird die Sachlage gerade durch die Verwendung von Litzenspulen komplizierter, so daß es sogar möglich ist, daß die Verluste bei kurzen Wellen im massiven Kupferdraht geringer sind als in der Litze. Eine interessante graphische Darstellung des Zusammenhanges zwischen Wellenlänge, Drahtstärke und

---

[1]) Nesper, E.: Der Radio-Amateur, 6. Aufl., S. 620. Berlin: Julius Springer, 1925.

Verlustwiderstand für eine bestimmte Spulenform wurde von Pickard angegeben (Abb. 6). Daraus ist die jeweils günstigste Drahtdicke für eine gewisse Welle leicht zu ersehen. Die Kurven zeigen deutlich, wie zum Beispiel sehr starker Draht, besonders bei kurzen Wellen, ein steiles Ansteigen des Verlustwiderstandes bedingt, ferner daß aber auch zu dünne Drähte, wie bei den Honigwabenspulen, sehr nachteilig sind.

Auch im Spulenkörper selbst muß ein stattlicher Prozentsatz der Energieverluste gesucht werden, und zwar hauptsächlich infolge dielektrischer Hysteresis, weiterhin wegen kapazitiver Nebenschlüsse. Für Kurzwellenschaltungen brauchbare Spulen erhält man nur bei genauer Beachtung folgender Punkte:

a) In Frage kommen ausschließlich einlagige Spulen.

b) für Wellen unter 100 m sollen die Windungen möglichst in freier Luft liegen und einen gewissen gegenseitigen Abstand besitzen, oder aber so gewickelt sein, daß sie nicht über größere Strecken äquidistant sind (siehe auch Abb. 23).

c) Isoliermaterialien sollen soweit als möglich vermieden werden, dazu gehören auch Isolierlacke usw. Die besten Spulen stehen auf sich selbst. Vor allem ist das Innere der Spulen frei von irgendwelchen Gegenständen zu halten, auch die besten Isolierstoffe sind schädlich, Metallteile katastrophal!

d) Die Isolation der Windungen, besonders der Endpunkte, muß erstklassig sein, Abzweigungen und kurzgeschlossene „nicht benützte" Windungen müssen streng vermieden werden.

III. Sonstige Merksätze für Kurzwellenschaltungen.

Alle für den Rundfunkempfang empfohlenen Maßnahmen sind auch hier vorbildlich und müssen um so strenger befolgt werden, je kürzer die Wellenlänge gewählt wird. Als vornehmstes Gesetz galt dort: kurze Verbindungen, ganz besonders der Gitter- und Schwingungsleitungen, und sinngemäß muß es hier heißen: kürzeste Verbindungen, ja bei sehr kurzen Wellen wird man die einzelnen Schaltelemente so anordnen, daß z. B. der gesamte Weg von der Schwingungsspule über den Gitterkondensator zum Gitter nur einzelne Zentimeter lang wird.

a) Empfindlichkeit gegen äußere Kapazitäten und Abhilfe dagegen.

Die schon von den Rundfunkwellen her bekannte Empfindlichkeit gegen äußere Kapazitäten, die sich in einer Änderung der Abstimmung bei Annäherung der Hand u. a. m. äußert, nimmt mit abnehmender Welle stets weiter zu und erfordert energisch Gegenmaßregeln. Sie kann durch richtige Anordnung und Schaltung der einzelnen Schaltelemente, insbesondere des Drehkondensators, weitgehend vermieden werden. Der vielfach empfohlene Ausweg, die ganze Geschichte in metallwandige (stanniolbekleidete) Gehäuse zu setzen, ist für kurze Wellen nicht mehr gut gangbar und sollte in jedem Falle als letzte Zuflucht angesehen werden, wenn wirklich alles andere zu versagen beginnt. Auch die bekannten Verlängerungsgriffe sind weder schön noch absolut notwendig. Es zeigt sich, daß man bis zu Wellen in der Gegend von 20 m herab sehr gut ohne die Stöcke auskommt. Wer sie aber schon bei normalen Wellen, z. B. bei 400 m, nötig hatte, wird bei 50 m wohl aus Spazierstockentfernung abstimmen müssen!

Ein ebenso einfaches wie wirksames Mittel gegen die Einwirkung der Handkapazität auf die Abstimmung besteht im folgerichtigen Anschluß des Abstimmkondensators dergestalt, daß dessen drehbarer Teil niemals mit dem Gitter, sondern immer mit der Kathode (Glühdraht) und damit direkt oder indirekt mit der Erde verbunden wird. Durch diese Maßnahme verfällt von selbst jedes nennenswerte Potential gegenüber der bedienenden Hand und somit jede Beeinflussung. Wie an späterer Stelle noch gezeigt werden wird, genügt diese Methode bis zu sehr kurzen Wellen herab. Erst ganz zuletzt müssen stärkere Maßnahmen erwogen werden.

b) Die zunehmende Abstimmschärfe. Feinregelungsnotwendigkeit.

Mit kürzerwerdender Welle nimmt die Schärfe der Abstimmung immer mehr zu, und zwar stößt man deswegen bald genug auf gewisse Schwierigkeiten. Wer die 500 m-Welle schon mit Mühe abstimmt, wird einen ungedämpften Sender auf 100 m gar nicht erst finden! Ein Unding ist es, z. B. 1000 cm-Kondensatoren für kurze Wellen benutzen zu wollen, das Resultat müßte

ein klägliches werden. Es sollten vielmehr für alle Kurzwellenschaltungen Abstimmkapazitäten von max. 250 cm verwendet
werden, soweit nicht extrem geringe Werte in Frage kommen.
Eine wichtige Forderung ist die Möglichkeit einer guten Feineinstellung der Abstimmkapazität. Kurzwellenempfang ohne
Feinregelung ist ein Unding! Mit solider Feinbewegung geht
es sehr gut! Von der Feineinstellung hängt Wohl und
Wehe des gesamten Apparates wesentlich mit ab! Brauchbar
sind alle erstklassigen Konstruktionen, vorzugsweise solche mit
Präzisions-Schneckenübersetzung, am besten 1:50 oder noch mehr.
Dabei ist zu beachten, daß der Antrieb keinen toten Gang
hat und eine etwaige Mitnehmer-Reibungskopplung auf allen
Teilen des Drehbereichs gleichmäßig gut arbeitet. Nur ganz vor-
zügliche Konstruktionen dieser Art sind brauchbar. Die häufiger
angetroffene getrennte Einzelplatte kann ebenfalls sehr gute
Dienste leisten, wenn sie mit Spiralfeder versehen ist,
um guten Kontakt zu gewährleisten. Leider wird noch viel
Schund geliefert, doch wird es nur eine Frage der Zeit sein, bis
alle minderwertigen Fabrikate von der Bildfläche endgültig verschwunden sind. Der einzige Nachteil der erwähnten Feinrege-
lungsart ist der, daß eine Eichung der Hauptskala nicht mehr
bedingungslos möglich ist, da sie von der Feinplatte wieder ver-
wischt wird. Für Wellenmesser sind solche Kondensatoren zu
vermeiden!

Eine andere Art von Feineinstellung besteht darin, daß die
Abstimmkapazität C_A nicht über die gesamte Selbstinduktion L,
sondern nur an einen Teil derselben gelegt wird (siehe Abb. 7a).
Um aber den daran klebenden Nachteil des verringerten Wellen-
bereichs zu vermeiden, kann man die Anordnung nach Abb. 7b
wählen, wobei C_A den Abstimm- und C_F den Feinregelungskonden-
sator darstellt. Durch passendes Anschließen von C_F an nur einen
geringen Bruchteil der Spule L kann selbst dann jede gewünschte Flachheit in der Abstimmung erzielt werden, wenn C_F
hierfür viel zu groß war. Diese Methoden sind als Hilfsmittel
gedacht und behalten auch bei den kürzesten Wellen ihren
Wert bei.

Die Verwendung eines Kondensators viel zu großer Kapazität
läßt sich unter Umständen durch Hintereinanderschalten mit
einem festen Kondensator passender Größe ermöglichen (Abb. 7c).

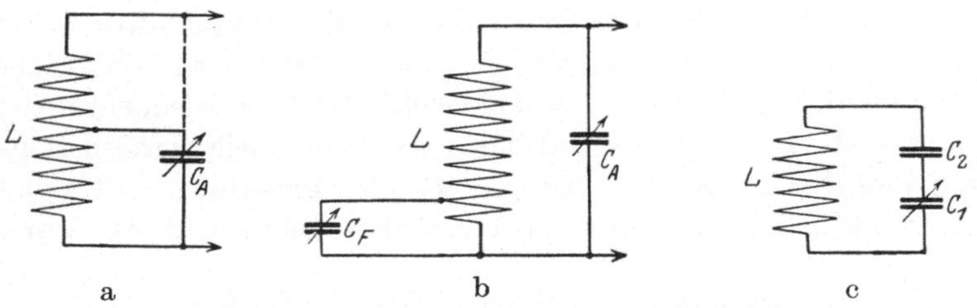

Abb. 7a bis c. Schaltungsmöglichkeiten des Drehkondensators.

Besitzt der Drehkondensator C_1 z. B. eine Anfangskapazität von 25 cm, eine Endkapazität von 500 cm, der Festkondensator eine solche von $C_2 = 100$ cm, so wird die resultierende Gesamtkapazität C zwischen

$$C_0 = \frac{C_1 \cdot C_2}{C_1 + C_2} = \frac{25 \cdot 100}{125} = 20 \text{ cm und } C_{\max} = \frac{500 \cdot 100}{600} = 83,3 \text{ cm}$$

liegen, Werte, die für sehr kurze Wellen, z. B. unter 50 m, sehr gut geeignet sind. Die Vorteile sind offensichtlich, es ist jedoch zu bedenken, daß durch das Einfügen eines zweifelhaften Blockkondensators eine gewisse Dämpfungszunahme eintritt. Man wähle also nur erstklassige Blockkondensatoren, mit Vorzug solche mit Luftdielektrikum.

c) Die Antenne.

Die Antenne, einschließlich Zuleitung, Erdverbindung und Erde stellt ebenfalls einen schwingungsfähigen Kreis vor und unterliegt denselben Gesetzen wie andere Schwingungskreise. Sie besitzt in erster Linie eine bestimmte Eigenschwingung, die hauptsächlich von ihrer wirksamen Kapazität und Selbstinduktion abhängig ist. Zum Empfang aller normalen Wellenlängen pflegt man den Antennenkreis auf die Empfangswelle abzustimmen und geschieht dies meist durch Zwischenschaltung von Verlängerungsspulen oder aber Verkürzungskondensatoren. Für Kurzwellen kommt naturgemäß häufiger die letzte Abstimmungsart in Frage, besonders wenn es sich um normale Hochantennen handelt.

Zwei grundverschiedene Antennen können, gleiche Höhe vorausgesetzt, ohne weiteres die gleiche Eigenwelle besitzen, wenn nur das Produkt ihrer Selbstinduktionskoeffizienten und Kapazitäten gleich ist. So wird beispielsweise die Selbstinduktion bei einer langen Eindrahtsantenne bedeutend größer als bei einer mehrdrähtigen Kurzantenne, bei welch letzterer wiederum die Kapazität überwiegt. Es wird dann stets festgestellt werden können, daß die Grundschwingung oder Eigenwelle der kapazitätsreichen Antenne viel leichter und weiter ver-

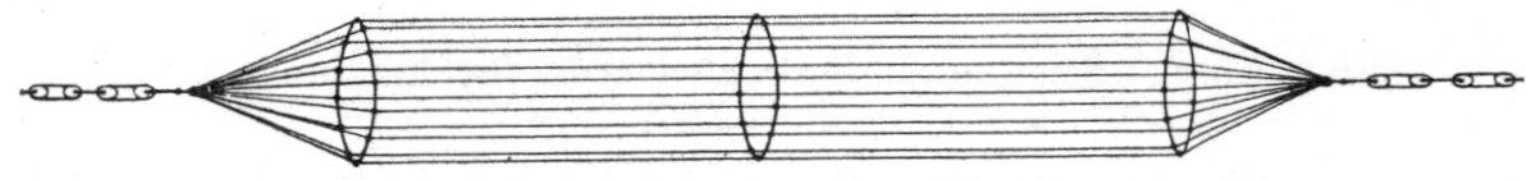

Abb. 8. Die Reusenantenne.

kürzt werden kann als die der mehr selbstinduktiven, eine für die Kurzwellentechnik sehr wichtige Tatsache. Man wird also immer große Antennenkapazität bei nur geringer Selbstinduktion zu verwirklichen suchen. Praktisch bekommt man beides zugleich durch Verwendung kurzer mehrdrähtiger Antennen. Sehr vorteilhaft ist aus diesen Gründen die sog. Reusenantenne (Abb. 8). Ihre wirksame Selbstinduktion wird mit Anzahl und zunehmendem gegenseitigen Abstand der einzelnen Drähte kleiner, nach der allgemeinen Formel für die Parallelschaltung von Selbstinduktionen.

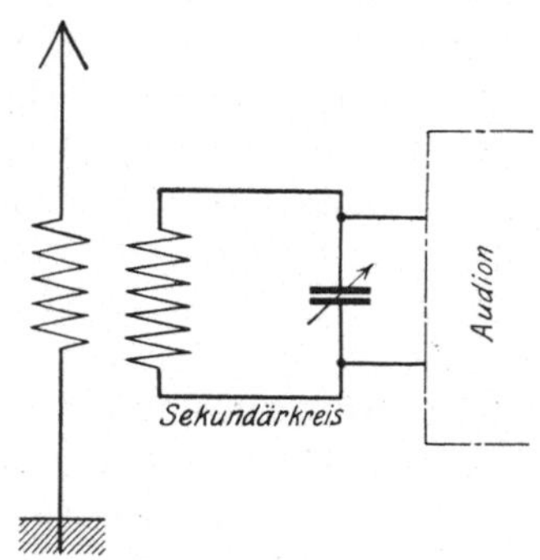

Abb. 9. Aperiodische Antenne.

Die Eigenwelle der Antenne wird je nach der Form und Höhe ungefähr gleich dem drei- bis sechsfachen ihrer Länge in Metern. Man kann bei kurzen Wellen nur Antennen geringer Eigenschwingung verwenden, wenn nicht unüberwindliche Abstimmungsschwierigkeiten drohen sollen. In vielen Fällen würde die Antenne zu klein werden müssen, um dieser Forderung zu genügen und man zieht dann stets die sog. aperiodische Antenne vor, es ist dies irgendeine Hochantenne beliebiger Größe, die über eine kleine Kopplungsspule mit zwei bis fünf Windungen geerdet wird. (Abb. 9). Der ganze Antennenkreis bleibt somit ohne weitere Abstimmung und ist für alle Kurzwellen ohne mehr zu gebrauchen.

Derartige aperiodische Antennen werden bei den folgenden Empfangsschaltungen des öfteren zu finden sein. Solange als möglich ist eine Antennenabstimmung natürlich vorzuziehen.

d) Die Erde.

Bei ihr wird vielleicht mit am meisten gesündigt. Nicht nur beim Sender, sondern auch beim Empfänger ist eine gute, möglichst kurze Erdleitung erforderlich. Was unter Umständen bei mittleren Wellen noch durchging, kann bei Kurzwellen von Verderben sein. Vor allem ist eines zu beachten: Schon der Übergangswiderstand des Erddrahtes an das oxydierte Gas- oder Wasserleitungsrohr kann die Ursache alles Übels sein. Es genügt eben nicht, den Draht um das Rohr herumzuwickeln, festzuwürgen und mit den Worten „schon gut!" wieder nach oben zu steigen. Vor allen Dingen muß die betreffende Stelle metallisch blank geschmirgelt werden. Dann erst kann man an einen soliden Anschluß denken. Da ein Anlöten meistens nicht möglich ist, muß eine andere feste Anschlußart gesucht werden. Geeignet sind die im Handel erhältlichen Erdungsklammern, soweit sie kräftig und nicht blechern gebaut sind. Im Anschluß daran sollte die kleine Mühe nicht gescheut werden, parallel hierzu noch eine zweite Erdverbindung herzustellen. Man kann dann wenigstens sicher sein, einen der beliebtesten Fehler vermieden zu haben. Die Erdleitung selbst soll nicht unnötig lang sein, sondern möglichst geringen Widerstand besitzen. Es kann blanker Kupferdraht von 1 bis 2, besser 3 mm Dicke genommen werden. Knicke, Schleifen oder gar ganze Umwindungen sind zu vermeiden. In allen Fällen wolle man nicht übersehen, daß die Erde einen Faktor des Antennenkreises ausmacht und bei fehlerhafter Ausführung auch die idealste Hochantenne wertlos macht. Besser noch eine primitive kleine Behelfsantenne mit guter Erde als eine gigantische Turmantenne mit mangelhafter Erde!

e) Das Gegengewicht.

In all den Fällen, wo eine solide, einwandfreie Erdleitung nicht zu verwirklichen ist, kommt das Gegengewicht zur Anwendung. Dieses besteht aus einigen oder mehreren Drähten, die, unter sich verbunden, einige Meter über der Erde ausgespannt, von dieser jedoch isoliert sind. Den besten Effekt erhält man auch hier bei gut angelegten Hochantennen, wobei die wirksame Antennenhöhe von der Höhe des Gegengewichts über der Erde abhängig ist. Ein Mittelding zwischen Erde und Gegengewicht bildet endlich ein unter die Erdoberfläche gelegtes Drahtnetz, dessen Verwendung jedoch nur in Spezialfällen in Frage kommt. Ein besonderer Vorteil des Gegengewichtes ist neben seinem geringeren Widerstand meist eine kleinere Eigenschwingung, weshalb bei kurzen Wellenlängen häufig davon Gebrauch gemacht wird.

f) Der Antennenkondensator.

Es könnte leicht die Ansicht vertreten werden, daß es im Prinzip gleichgültig sei, ob der Serienkondensator in die Antennen- oder aber in die Erdseite zu liegen kommt. Dies zugegeben, wird man bei kurzen Wellen (übrigens schon im Rundfunkbereich!) jedoch etwas weiterdenken müssen: Das Einschalten in den erdseitigen Teil hätte zwar den Vorteil, daß bei richtiger Polung keinerlei Handkapazitätseffekt zu verspüren wäre, wenigstens am Anten-

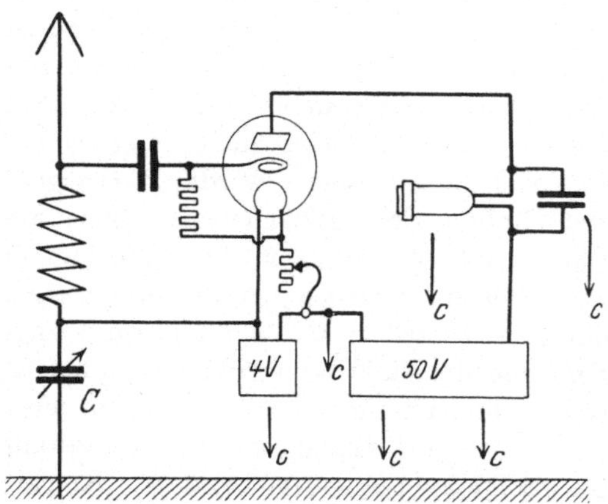

Abb. 10. Verkehrte Schaltung des Antennenserienkondensators.

nenkondensator des Primärempfängers, nicht so aber an den anderen Teilen: Sämtliche übrigen Elemente ständen von der Erde isoliert (Abb. 10) und ihre Erdkapazität läge parallel zum Kondensator. Hieraus entspringt aber eine allseitige Kapazitätsempfindlichkeit, man dürfte keinem Glühdrahtwiderstand, keiner Batterie mehr zu nahe kommen, keine Ortsveränderung des Telephons (!) mehr vornehmen, um die eingestellte Kurzwelle nicht „weglaufen" zu sehen! Die ganze Apparatur würde unbedienbar werden. Es ist also stets darauf zu achten, daß der Kondensator zwischen Antenne und Spule zu liegen kommt, und zwar drehbare Platten an die Spule (Abb. 11).

Der Handkapazitätseffekt wird sich zwar nicht völlig umgehen lassen, immerhin hat man die Beruhigung, von zwei Übeln das kleinere gewählt zu haben. Für den S e k u n d ä r - e m p f ä n g e r gilt das Gesagte in gleichem, wenn nicht noch höherem Maße. Eine variable Kopplung zwischen Antennen- und Sekundärkreis würde zugleich starke Kapazitätsänderungen und damit große Wellensprünge zur Folge haben!

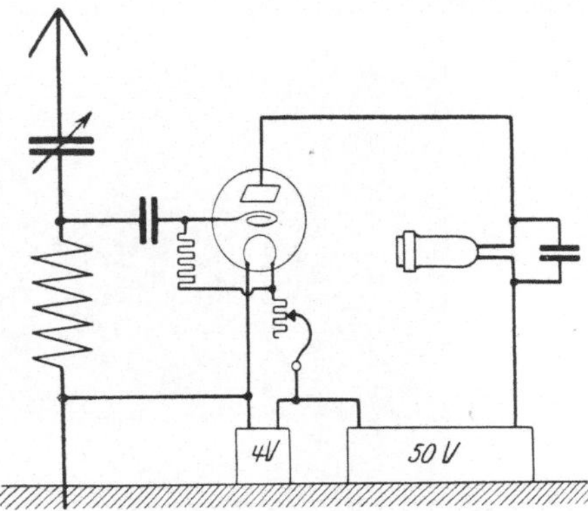

Abb. 11. Richtige Schaltung des Antennenserienkondensators.

Ein sog. „Serie-Parallel-Schalter" ist wohlfast immer überflüssig und soll möglichst vermieden werden.

g) Welche Röhren kommen in Frage?

Die allgemeine Antwort hierauf lautet: Alle Röhren mit geringer Eigenkapazität!

Die innere Kapazität einer Röhre setzt sich aus nachstehenden Einzelbeträgen zusammen:

1. Gitter-Glühdrahtkapazität,

2. Glühdraht-Anodenkapazität,

3. Gitter-Anodenkapazität,

4. Kapazität der Zufuhrdrähte in der Röhre und im Sockel.

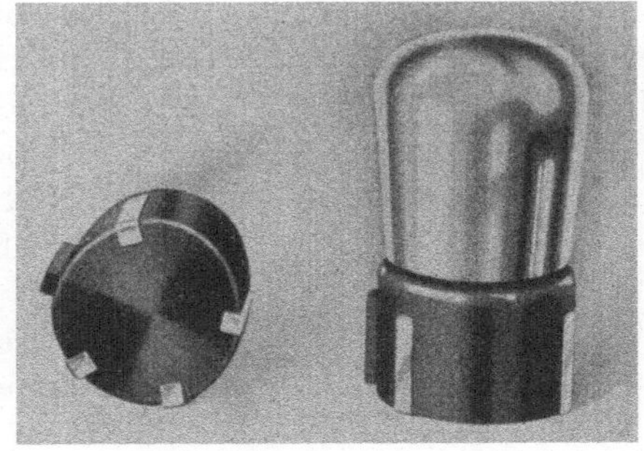

Abb. 12. Röhre mit kapaz. armem Sockel der Radioröhrenfabrik G. m. b. H., Hamburg.

Die unter 1. bis 3. genannten Größen hängen von der Konstruktion der Röhre ab und können nicht ohne weiteres verringert werden. Dagegen läßt sich hinsichtlich der Zuleitungsdrähte einiges unternehmen, wenn man auf den normalen Röhrensockel verzichtet: Empfangsröhren lassen sich dadurch verbessern, daß man den Sockel überhaupt abnimmt und die Drähte nach ver-

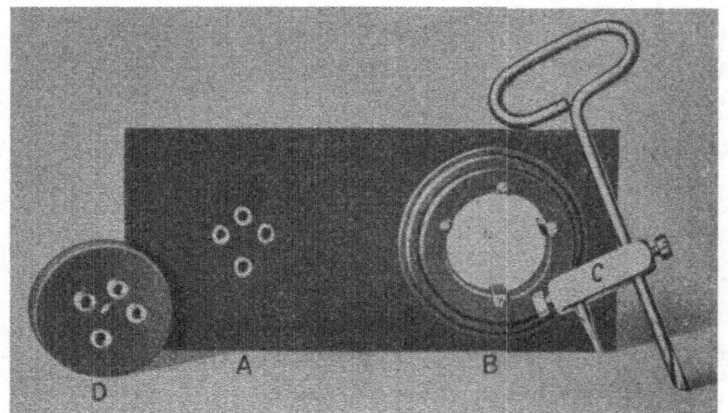

Abb. 13. Kreisschneidevorrichtung zur Röhre nach Abb. 12.

schiedenen Seiten unmittelbar am Glas umbiegt, wobei die beiden Heizstromdrähte natürlich beisammen bleiben dürfen. Diese Behandlung ist schon von etwa 50 m an abwärts anzuraten und wird bei 10 m zur absoluten Notwendigkeit.

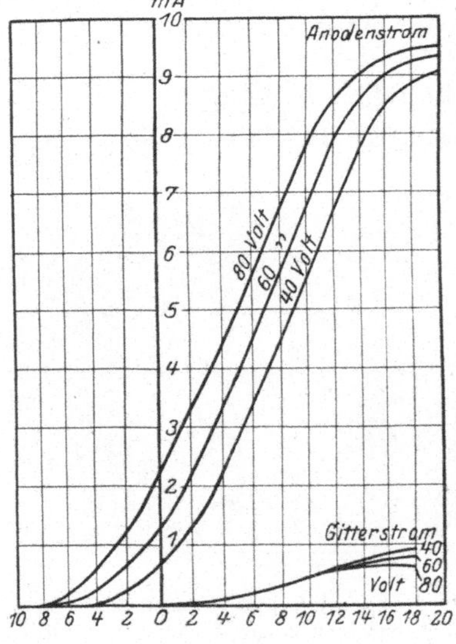

Abb. 14. Kennlinien der Röhre nach Abb. 12.

Eine bereits fabrikmäßig mit kapazitätsarmem Sokkel hergestellte Röhre ist die Type „Valvo Ökonom H" der Radioröhrenfabrik G. m. b. H. in Hamburg, eine Sparlampe mit nur 0,06 Amp. Heizstrom. Eine Abbildung derselben, wie auch die dazugehörige Kreisschneidevorrichtung zum Sokkel, sowie ihre Kennlinien sind in den Abb. 12, 13, und 14 wiedergegeben.

h) Wie kommt man auf kürzere Wellen?

Die Antenne und ihre Abstimmung sind oben bereits gestreift worden. Für kürzere Wellen muß ihre Grundschwingung meist mit

Hilfe des Antennenserienkondensators reduziert, ihre Welle „verkürzt" werden. Sollte sich aber die gewünschte Welle selbst dann nicht mehr erreichen lassen, wenn der Verkürzungskondensator bis auf Null zurückgedreht wurde, so kann die wirksame Gesamtkapazität durch Zwischenschalten eines kleinen Blockkondensators (siehe Abb. 15) noch etwas reduziert werden. Zugleich verflacht sich die sonst besonders scharfe Abstimmung auf den unteren Kondensatorgraden und erleichtert die Einstellung. Unter besonderen Umständen kann schließlich noch die Spule L in Abb. 16 hinausgeworfen werden, worauf die Welle wohl ihr Minimum erreicht hat. Sie hängt dann lediglich noch von der Antennenselbstinduktion L_A und der resultierenden geringfügigen Kapazität C aus den drei Serienkapazitäten C_A, C_S und C_V ab. C ergibt sich aus der Formel für die Serienschaltung von Kapazitäten:

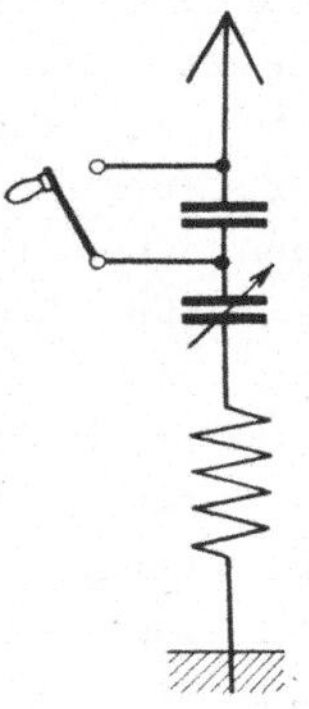

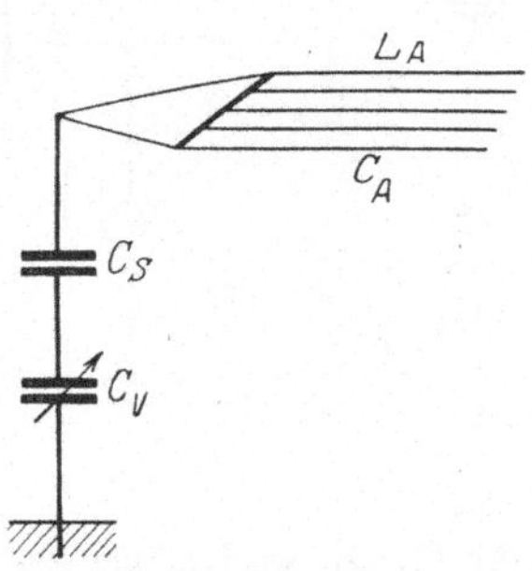

Abb. 15. Antennenverkürzung mittels zweitem Serienkondensator.

Abb. 16. Antennenkreis ohne Spule.

$$\frac{1}{C} = \frac{1}{C_A} + \frac{1}{C_V} + \frac{1}{C_S} + \frac{1}{C_X} + \text{usw.}$$

Ist eine wesentlich größere Verkürzung nötig, so bleibt nur noch eine Verkleinerung der Antennendimensionen, sowie Vertauschen der Erde mit einem Gegengewicht übrig. Man wird jedoch in den meisten Fällen, jedenfalls bei Empfangsschaltungen, lieber zur aperiodischen Antenne übergehen, wobei alle Abstimmungsschwierigkeiten von selbst verfallen (siehe auch Abb. 9).

Eine andere Sache ist es beim Sekundärkreis. Die kleinstmögliche Wellenlänge hängt hier von der Selbstinduktion L der Gitterspule, deren Innenkapazität C_I, der Anfangskapazität des Drehkondensators C_V, sowie endlich von der Gesamtheit aller parasitären und Streukapazitäten C_X ab (Abb. 17). Bei auswechselbaren Spulen ist die **Frage** nach kürzeren Wellen leicht zu beantworten: Man nimmt eben eine kleinere Spule, eine solche mit weniger Windungen oder kleinerem Durchmesser. Hiergegen ist an sich nichts einzuwenden. Wenn nun aber die kleinste Spule fest eingebaut ist? In diesem Falle kann weitere Verkürzung dadurch erfolgen, daß man von der Tatsache Gebrauch macht, nach welcher Selbstinduktionen sich durch Parallelschalten verkleinern lassen. Die wirksame Selbstinduktion des Kreises $L_1 C$ in Abb. 18 wird durch Parallel schalten der „Verkürzungsspule" L_2 herabgesetzt, nach der Formel:

$$\frac{1}{L} = \frac{1}{L_1} + \frac{1}{L_2} + \frac{1}{L_3}$$

usw. oder für nur zwei Spulen:

$$L = \frac{L_1 \cdot L_2}{L_1 + L_2}.$$

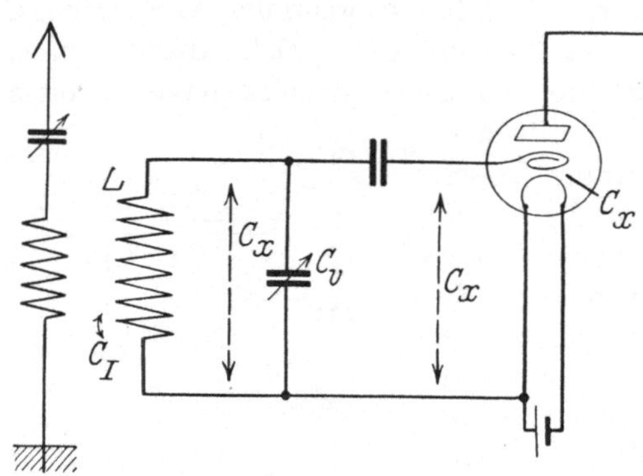

Abb. 17. Die wellenlängebestimmenden Faktoren im geschlossenen Kreis.

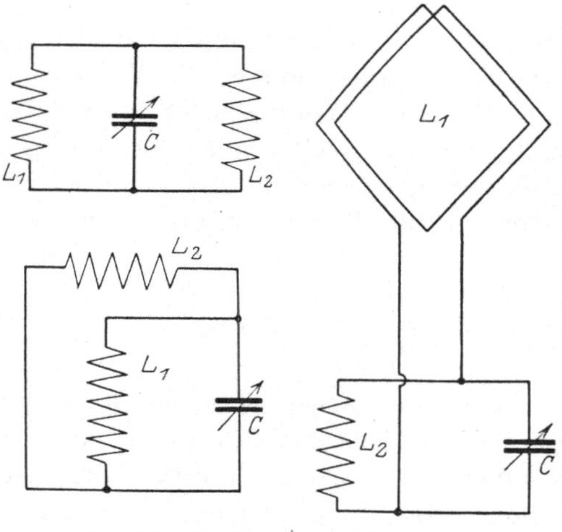

Abb. 18. Verkürzungsspulen (L_2).

Hieraus geht u. a. hervor, daß die Selbstinduktion zweier gleich großer parallelgeschalteter Spulen auf die Hälfte fällt (vorausgesetzt, daß die beiden Spulen nicht magnetisch gekoppelt sind, also einigen Abstand voneinander haben!). Die Wellenlänge wird dabei um etwa ein Drittel ihres ursprünglichen Wertes kleiner. Eine nennenswerte Dämpfungszunahme durch die Parallelschaltung guter Spulen ist nicht zu befürchten. Selbstverständlich muß die Verkürzung mit Maß und Ziel geschehen und kann man z. B. nicht von 500 auf 50 m herabsteigen, da die übrigen Empfängerteile längst vorher versagen müssen. Ein praktisches Anwendungsbeispiel wird später bei der Konstruktion eines Kurzwellenempfängers behandelt werden.

IV. Kurzwellenempfänger.

a) Der Detektorapparat.

Dieser kommt zur Zeit nur in Einzelfällen in Frage, denn seine Funktion ist an nahe, modulierte Sender gebunden und solche fehlen momentan noch auf dem Kurzwellenbereich. Außer der bekannten Station Pittsburgh KDKA und verschiedenen Amateur- und Versuchssendern geringerer Reichweite sind es hauptsächlich ungedämpfte, Morsesender, die das Gebiet der kurzen Wellen bevölkern. Diese erfordern aber Überlagerungsempfang und der Detektorapparat scheidet dann aus. Natürlich wäre es auch möglich, Kurzwellensender per Kristalldetektor zu empfangen, wenn ein passender Überlagerer daneben steht, doch wird man besser zum Röhrenempfänger übergehen, wenn schon mal Batterien und Röhren nötig sind.

b) Der normale Rückkopplungsempfänger.

Zum Empfang aller Wellen über 200 m benützt man die weitverbreitete Schaltung nach Abb. 19. Bei fast allen Röhrengeräten wird das gewünschte Höchstmaß an Empfindlichkeit durch die sog. Rückkopplung des Anodenkreises auf den Gitterkreis erreicht. Zum Verständnis des folgenden wird es gut sein, hierauf etwas einzugehen:

Eine Rückkopplung im allgemeinen Sinne des Wortes findet man auch auf anderen technischen Gebieten, und zwar wird dabei stets irgendeine Energieform nach Durchlaufen irgendeines Prozesses nochmals teilweise zurückgeführt, um demselben Vorgang nochmals zu unterliegen, wobei ganz bestimmte Effekte zu beobachten sind. So findet eine einfache akustische Rückkopplung, z. B. eines Telephons T auf sein Mikrophon M (Abb. 20), statt und äußert sich zunächst in erhöhter Empfindlichkeit des gesamten Systems, bei richtiger Polung. Die Ursache liegt darin, daß die vom Mikrophon aufgenommenen und dem Telephon zugeleiteten Schwingungen akustisch das Mikrophon nochmals treffen. Sind nun beide Teile genügend nahe beisammen, resp. genügend „fest rückgekoppelt", so addieren sich die aufgenommenen und rückgekoppelten Schwingungen (gleiche Phase vorausgesetzt!), was einer erhöhten Lautstärke der Schallwellen einer Empfind-lichkeitssteigerung des Mikrophons gleichkommt. Man bezeichnet diesen Vorgang als „Dämpfungsreduktion", weil durch den Vorgang der Rückkopplung alle schäd-

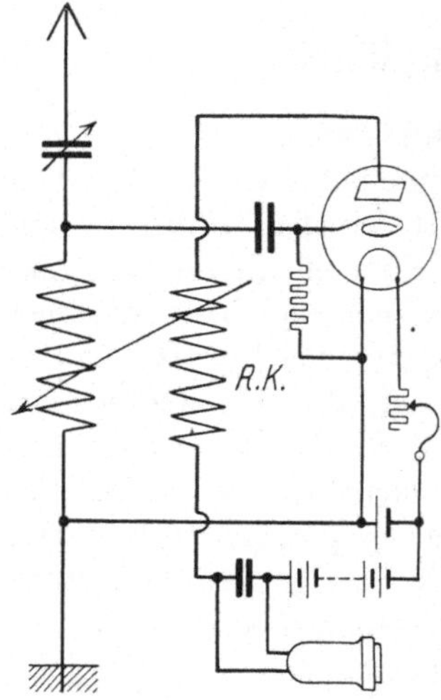

Abb. 19. Empfänger mit induktiver Rückkopplung.

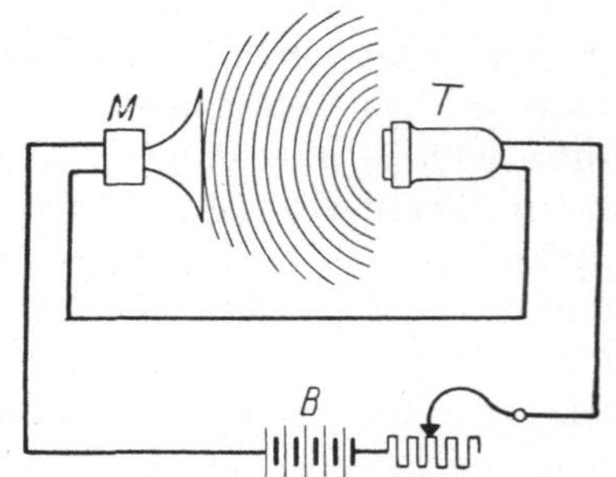

Abb. 20. Das Rückkopplungsprinzip im allgemeinen.

liche, energieverzehrende Dämpfung reduziert wird (auf Kosten der Batterie), wodurch sich der wirksame Widerstand des Kreises verkleinern läßt. Die Größe der rückwirkenden Funktion nennt man Rückkopplungsgrad. Bei dem erwähnten Versuch zeigt sich weiterhin, daß mit fester werdendem Rückkopplungsgrad die Entdämpfung bis zu einem ganz bestimmten Punkte getrieben werden kann, dem Punkte, bei dem der wirksame Widerstand Null wird. Ein Haar weiter, und man spricht von negativem Widerstande, und es treten augenblicklich Eigenschwingungen auf, die sich durch Pfeifen oder Heulen des Telephons verraten.

Etwas deutlicher und eingehender kann der Rückkopplungs-

effekt bei folgender Anordnung untersucht werden (Abb. 21). Ein
normales Kopftelephon sei an die Eingangsklemmen eines Nieder-
frequenzverstärkers, ein Lautsprecher an dessen Ausgang ange-
schaltet. Auch hier wird ohne Mühe ein intensives Heulen zu
bekommen sein, welches seine Entstehung ausschließlich der aku-
stischen Rückkopplung vom Lautsprecher auf das Telephon ver-
dankt. Der Fall tritt in der Praxis oft ein, ohne daß man seine
Ursache gleich erkennt. Die Anordnung wirkt um so labiler, je
höher der Verstärkungsgrad des Verstärkers und je empfindlicher
die Einzelteile sind. Oft ist ein Abstand von 5 m zwischen Telephon und Wiedergeber bereits ausreichend, Schwingungen auszu-
lösen. Ja es kann selbst vorkommen, daß die akustische Rück-

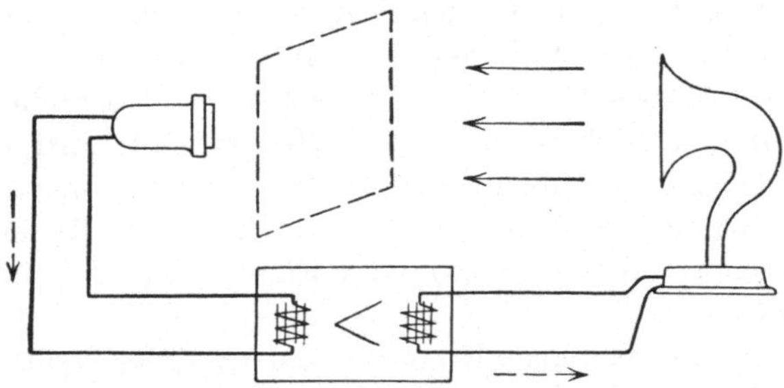

Abb. 21. Rückkopplung eines Lautsprechers auf ein Telephon kann Pfeifen
bedingen.

kopplung auf die mechanisch empfindliche Eingangsröhre bereits
genügt. Besonders dünndrähtige Miniwattlampen leiden an einem
starken, mikrophonischen Effekt, der sich bei den leisesten Be-
rührungen des Glases oder gar des Apparates als glockenähn-
liches Klingen kundgibt. In diesem Falle bleibt nichts weiter
übrig, als die ersten Röhren je mit einer dämpfenden Watte- oder
Gummimütze zu versehen. Außer der Möglichkeit der völligen
Entdämpfung bis zum selbsttätigen Weiterschwingen, läßt sich an
obigen Beispielen fernerhin noch recht schön beobachten, daß die
Rückkopplung um so fester sein muß, je größer die zu über-
windende Dämpfung war und außerdem zeigt sich noch, daß
die Frequenz der erzeugten Schwingungen (hier also die Tonhöhe)
nicht nur allein von den gegebenen Dimensionen, sondern zum
Teil auch vom Grade der Rückkopplung abhängt.

Ohne noch weiter abschweifen zu wollen, müssen wir uns dem

Rückkopplungsempfänger wieder zuwenden und finden wir hier, ins Elektrische übertragen, die gleichen Erscheinungen vor (siehe Abb. 19). Die ankommenden und durch Resonanz auf eine gewisse Amplitude gebrachten elektrischen Schwingungen werden von der Audionröhre verstärkt und sofort durch induktive Rückkopplung auf den Antennenkreis wieder zurückgeführt. Darauf unterliegen sie einer nochmaligen Verstärkung in der Röhre, werden abermals zurückgeworfen usw., bis eine Art Gleichgewichtszustand hergestellt ist, der von der Größe aller Verlustwiderstände und dem Rückkopplungsgrade abhängig ist. Mit zunehmender Vergrößerung des letzteren sinkt die Dämpfung allmählich, bis sie auch hier scheinbar Null wird, worauf der Empfänger in Eigenschwingungen gerät, zum kleinen Sender wird, und die nähere oder weitere Umgebung zu stören vermag. Nun ist zwar kein Telephonieempfang mit schwingendem Gerät möglich, da die Sprache infolge der verschiedenen Interferenzen gräßlich zerquetscht wird, dagegen liegt die höchste Empfindlichkeit stets auf dem Punkte maximaler Dämpfungsreduktion, hart an der Grenze des Generierens. Bis zu diesem Punkte sollte also jeder Empfangsapparat eingestellt werden können.

Während dies bei allen längeren und mittleren Wellen leicht möglich ist, treten bei kürzeren Wellen bald gewisse Schwierigkeiten auf, die um so größer werden, je kürzer die Welle ist. Es ist ganz ähnlich wie bei dem Versuch, per Flugzeug größere Höhen, im Laboratorium tiefere Temperaturen, für Meerestaucher größere Tiefen usw. usw. zu erzielen, stets türmen sich die Schwierigkeiten unerwartet rasch auf, oder man stößt auf neue Hindernisse.

Der ärgste Feind des mühelosen Entdämpfens ist die Dämpfung selbst, trotzdem diese durch Verwendung besonders verlustarmer Kondensatoren und Spulen tunlichst gering gehalten wird, denken die ungeheuer raschen Schwingungen doch ein wenig anders darüber und so kommt es, daß die gewöhnliche induktive Rückkopplung bereits bei Wellenlängen um 100 m manches und weiter unten schließlich alles zu wünschen übrig läßt.

c) Die kapazitive Rückkopplung (Reinartz-Schaltung).

In diesem Falle geht man zur kapazitiven Rückkopplung über und genießt hierbei tatsächlich mancherlei Vorzüge, nämlich:

Anwendbarkeit bis zu sehr kurzen Wellen hinab,

Bequemere Einstellung des kritischen Rückkopplungsgrades,
Geringerer Einfluß des Rückkopplungsgrades auf Abstimmung,
Weniger hinderlicher Handkapazitätseffekt.
Trotzdem müssen alle Vorsichtsmaßregeln ergriffen werden, um
unnötige Verluste zu vermeiden.

Eine Empfangsschaltung mit kapazitiver Rückkopplung
ist in Abb. 22 angegeben. Sie stammt von Leithäuser, ist jedoch in Amateurkreisen bekannter unter dem Namen Reinartz-
Schaltung. Es wird zunächst von der aperiodischen Antenne

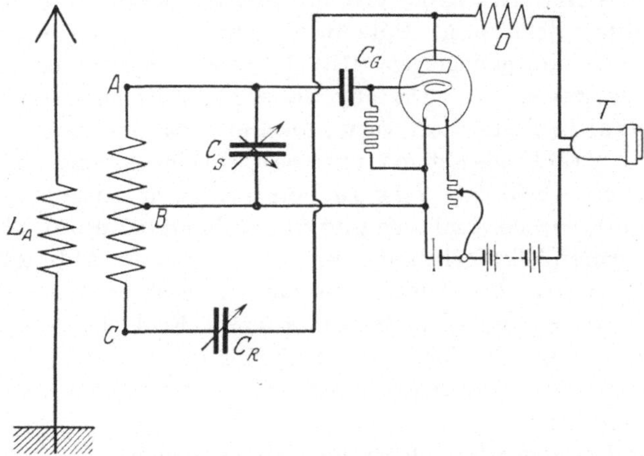

Abb. 22. Empfangsschaltung mit induktiver kapazitiver Rückkopplung.

Gebrauch gemacht, welche lose mit dem Sekundärkreis gekoppelt
wird. An diesem liegt eine gute erprobte Detektorröhre mit Heizwiderstand. Zum Unterschiede von der gewöhnlichen R. K.-
Schaltung teilt sich der Anodenkreis hier in zwei Arme: Der eine
führt über eine kleine eisenlose Drosselspule D und das Empfangstelephon T (kein Telephonkondensator!) an den Pluspol der
Anodenbatterie. Der andere Zweig hingegen dient der Rückkopplung und mündet über den Drehkondensator C_R und Spulenteil CB in die Kathode.

d) Größenangaben zum Selbstbau eines Reinartz-Empfängers für Wellen zwischen 25 und 220 m.

Wenngleich in diesem Büchlein kaum Platz für eingehende
Selbstbaurezepte vorhanden sein dürfte, so wird doch eine kurz-

gefaßte Anleitung zur Konstruktion wenigstens eines Empfängers dem einen oder anderen Leser willkommen sein. Um dies gleich vorweg zu nehmen, der im folgenden zu beschreibende Apparat ist vom Verfasser selbst gebaut und für einwandfrei befunden worden. Seine Herstellung ist somit um so mehr zu empfehlen, als die Angaben auch wirklich von praktischem Nutzen sein können und ein Mißlingen bei genauer Befolgung aller Vorschriften kaum zu befürchten ist. Dazu gesellt sich die den Kurzwellen charakteristische Tatsache der Einfachheit und dadurch nur geringen Unkosten: Keine großen Mahagonikästen mit teuren Hartgummitafeln, nicht Dutzende teurer Einzelteile sind erforderlich, nein, geringfügige Mittel reichen bequem aus. Aber gerade deswegen und nicht nur deswegen sollte man nur ganz erstklassige Bestandteile verwenden und vor allem auf hochwertige Drehkondensatoren mit bester Feinbewegung größten Wert legen. Schlechte Teile rächen sich mehr als sonst, verursachen dauerndes Umbauen und damit doppelte Kosten.

Als prinzipielles Schaltbild wählen wir das der Abb. 22. Es wird abgeraten, den Apparat in ein zu enges Gehäuse einzuschließen, lieber wähle man die offene Form: Ein kräftiges Grundbrett und senkrecht darauf die Frontplatte aus gutem Isoliermaterial, eventuell aus trockenem Holz. Es werden dann folgende Dinge benötigt:

1 Drehkondensator 250 cm mit Feineinstellung,

1 Drehkondensator 500 oder 250 cm mit Feineinstellung,

1 Gitterkondensator mit ca. 100 bis 200 cm Kap.

1 Gitterableitungswiderstand, dessen Größe am besten erst durch Versuch zu ermitteln ist (Silitstab, besser Loewe),

1 gute Detektorröhre mit Sockel (besser ohne Sockel),

1 guter Heizwiderstand,

5 Steckbuchsen,

1 Honigwabenspule 200 bis 300 Windungen (vorzuziehen wäre eine selbstgewickelte Zylinderspule, einlagig, 5 bis 6 cm Durchmesser, 250 bis 350 Windungen dünnen, doppelt umsponnenen Drahtes!),

22 m gut isolierten, nicht emaillierten Kupferdrahtes von 1 bis 2 mm Stärke.

4 kräftige Messingklemmschrauben, ferner natürlich Telephon und Batterien, sowie Antenne.

Beim Einkauf von Kondensatoren beachte man das in früherem bereits fixierte. Die Spulen wird man zweckmäßig selbst winden, denn Honigwabenspulen entsprechen den hohen Anforderungen

Abb. 23. Spulenwicklung mittels Schablone.

kurzer Wellen in keiner Weise mehr. Es kommen vielmehr nur noch einlagige Zylinderspulen in Frage, bei denen die im Abschnitt „Die verlustfreie Spule" erörterten Richtlinien in bezug auf geringste Verluste bei kleinster Eigenkapazität streng befolgt wurden. Besser als viele Worte geben die Abb. 23 und 24 an, wie brauchbare Selbstinduktionen hergestellt werden können. Man windet den Draht in der aus Abb. 24 zu ersehenden Weise um die Schablone bis zur gewünschten Windungszahl und bindet die einzelnen Windungen fest, um ein Auseinanderschnellen nach Abnahme von der Form zu verhindern.

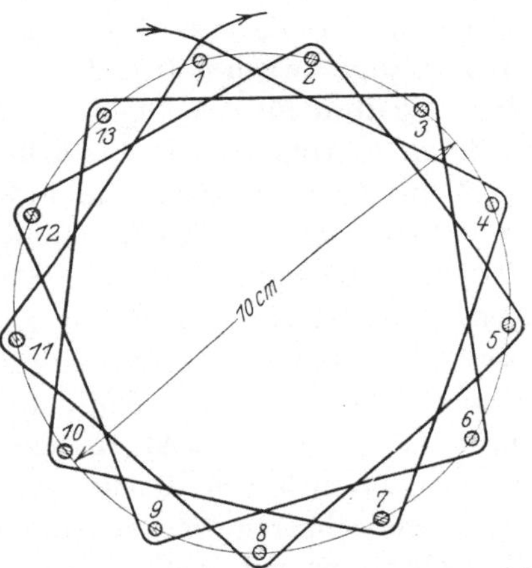

Abb. 24. Wickelschema für verlust- und kapazitätsarme Spulen.

Als erste benötigen wir eine derartige Spule mit drei bis vier Windungen für die aperiodische Antennenkopplung (in Abb. 22 die Spule L_A), dann kommt die

Hauptspule des Sekundärkreises AC mit insgesamt 34 Windungen und einer angelöteten Anzapfung nach der 21. Windung (Punkt B). Die zu empfangenden Wellenlängen hängen dann in der Hauptsache vom Spulenteil AB und dem augenblicklichen Stande des Drehkondensators C_S ab und liegen ungefähr zwischen 70 und 220 m. Um auf die kürzeren Wellen herunterzukommen, wird die wirksame Selbstinduktion L durch Parallelschalten von Verkürzungsspulen zu AB verkleinert. Die Verkürzungsspulen werden in der gleichen Weise wie die anderen Spulen gewickelt, und zwar je eine zu 15, 10 und 4 Windungen. Die wahlweise Parallelschaltung erfolgt am besten durch anzulötende Klemmen, so, daß die Verkürzungsspule senkrecht über die Hauptspule AB zu stehen kommt und beider Windungen sich möglichst senkrecht kreuzen. Die kürzeste zu empfangende Welle mit der kleinsten Spule beträgt dann etwa 25 m, wobei jedoch zu beachten ist, daß ihr genauer Wert infolge der Kapazitätsarmut der Spulen sehr weitgehend von der Anfangskapazität des Kondensators und allen sonstigen Nebenkapazitäten abhängig wird. Schon ein Auswechseln der Detektorröhre kann merkliche Änderungen in der Welle zur Folge haben, die infolge der überaus scharfen Abstimmung sich gleich riesig auswirken. Mit den andern Spulen wird die Wellenlänge zwischen 33 und 98 und 42 und 120 m liegen. Diese Werte galten für eine Drahtstärke von 1,9 mm und werden bei anderen (geringeren!) Drahtstärken etwas abweichen.

Beim Zusammenbau muß auf kürzeste Leitungsführung geachtet werden, etwaige Kreuzungen sind nur senkrecht auszuführen. Alle Spulen müssen mechanisch festgelagert sein, da die geringste Ortsveränderung mit großen Wellenschwankungen einhergeht. Ganz besonders gilt dies für die freistehende Verkürzungsspule sowie die Antennenkopplung (beide auf der Abb. 25 abgenommen). Der Abstand zwischen Antennen- und Gitterspule soll zwischen 3 und 10 cm verändert werden können, ist aber nach einmaliger guter Einstellung weniger wichtig. Besonders zu achten ist auf richtigen Anschluß des Drehkondensators C_S. Die drehbaren Platten müssen immer an den Glühdraht und damit über die Batterien zur Erde führen. Bei verkehrtem Anschluß würde der Einfluß der Handkapazität außerordentlich störend wirken und das Abstimmen zum wahren Geduldspiel gestalten.

Der Rückkopplungsgrad nimmt mit dem Eindrehen des Kondensators C_R zu, und wird das Einsetzen der Schwingungen selbst auf den kürzesten Wellen noch sehr leicht und weich erfolgen. Der Eintritt des Generierens verrät sich auch hier wieder durch ein deutliches „Ticken" im Telephon. Sollte auf gewissen Stellen des Wellenbereiches die Eigenschwingung abreißen, so liegt die Ursache wohl meist daran, daß man gerade auf der Eigenwelle der Antenne oder einer ihrer Oberschwingungen sitzt. In

diesem Falle wird eine losere Antennenkopplung, eventuell im Verein mit festerer Rückkopplung, Rat schaffen. Letzten Endes hilft eine kleine, künstlich herbeigeführte Verstimmung der Antenne durch Zwischenschaltung eines kleinen Kondensators über die kritische Stelle hinweg.

Die Bedienung des Empfängerchens macht kaum irgendwelche Schwierigkeiten.

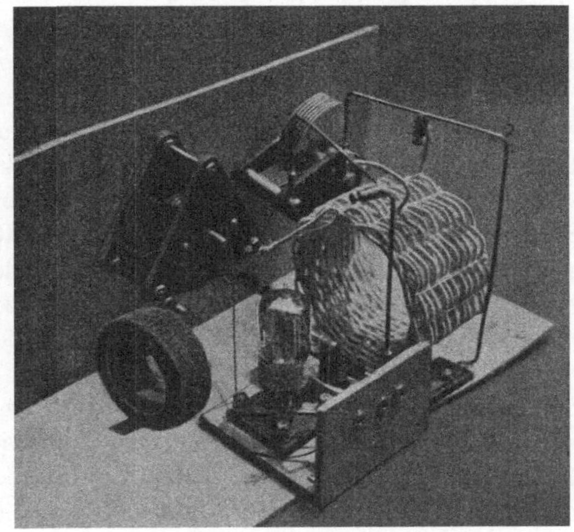

Abb. 25.   Selbstzubauender Kurzwellenempfänger.

Um sich gleich am Anfang einen Erfolg versprechen zu dürfen, bedenke man, daß der Kurzwellenverkehr sich beinahe ausschließlich nachts abspielt. Man wird dann auch ohne langes Suchen gleich mehrere ungedämpfte Telegraphiesender finden können, von denen sich mindestens die Hälfte durch ihr langsames Sendetempo und die zusammengesetzten Rufzeichen als Amateure erkennen läßt. Auch der Gebrauch reinen Wechselstroms oder aber unvollkommen gleichgerichteten Wechselstroms, der einen trillernden Schwebungston hervorruft, läßt stets auf den Amateursender schließen. In allen Fällen aber ist die Fähigkeit des Gehörlesens der Morsezeichen von größter Wichtigkeit. Das Morsealphabet auswendig zu können, ist erst ein kleiner Schritt dazu, und normale Sendetempi von etwa 100 Buchstaben in der Minute fehlerfrei aufnehmen zu können, erheischt anständige Übung, die nur durch langes und häufiges Hören von Morsesignalen, nicht durch Lesen von Morsezeichen, erworben werden. Dem Kundigen ist aber ein Telegraphieempfänger von viel höherem Interesse, denn die sonst „toten" Morsezeichen werden dann augenblicklich lebendig, ebenso wie die Telephoniesender.

Mit dem vorstehend beschriebenen Kurzwellenempfänger sind in Verbindung mit einer normalen Hochantenne zur Nachtzeit fast beliebige Entfernungen zu überbrücken. So ist es z. B. nicht allzu schwierig, die amerikanische Broadcastingstation KDKA (Pittsburg) auf 59 m zu hören. Auch ist der Empfang der entfernteren Kurzwellensender Buenos-Aires u. a. durchaus möglich. Im übrigen braucht mit den Experimenten keineswegs bis in die späte Nacht gewartet zu werden. Sehr interessant ist auch das Studium der Oberwellen der benachbarten Rundfunksender. So sendet Berlin z. B. außer seiner Normalwelle auf 505 m gleichzeitig unbeabsichtigt auch verschiedene kürzere Wellen aus, und zwar auf $^1/_2$, $^1/_3$, $^1/_4$ usw. der Hauptwelle. Diese Harmonischen betragen demnach für den Berliner Sender $252^1/_2$, 168,3, 101, 84,17, 72,14 usw., drängen sich nach unten immer mehr zusammen, werden aber auch sehr rasch unhörbar schwach. In den meisten Fällen sind die Oberwellen als Anhaltspunkte für die Wellenlänge und unter Umständen sogar zur genauen Eichung zu benutzen. Eichkurven für obigen Empfänger sind weiter unten, und zwar in dem Kapitel „Kurzwellenmesser" angegeben.

Die Lautstärke vieler Kurzwellensender überrascht oft durch ihre Größe. Der Fadingeffekt ist auf Wellen unter 100 m nicht mehr so stark ausgeprägt, wechselt aber dafür in kürzeren Zeitintervallen, oft in einzelnen Sekunden. Bei Wellen unter 25 m ist mehrfach ein besserer Tag- als Nachtempfang festgestellt worden, auch war die Lautstärke in größerem Abstand vom Sender beträchtlich besser als näher daran. All diese Dinge — und vielleicht noch weitere — erhöhen das Interesse an den Kurzwellen und die Beschäftigung damit lohnt stets.

e) Weitere Empfangsschaltungen.

Mit dem Schema der Abb. 26 und den nachstehend angegebenen Daten läßt sich eine andere brauchbare Empfangseinrichtung durchführen, die für den Wellenbereich von 15 bis 45 m ausreicht:

L_A = freitragende Spule, 3 Windungen, 8 cm Durchmesser, Abstand der Windungen gleich einer Drahtdicke.

L_S = die gleiche, jedoch mit 10 Windungen, und einer Abzweigung von oben nach unten bei der 3. und 6. Windung.

C_R und C_S = Drehkondensator 250 cm.

C_G = Gitterkondensator mit 100 bis 200 cm Kap.

R_G = Gitterwiderstand 2 bis 4 Megohm.

D = Drosselspule, bestehend aus 150 Windungen dünnen Drahtes auf Papprolle von 28 bis 30 cm Durchmesser, einlagig gewickelt.

Weitere Empfangsschaltungen ähnlicher Art enthalten die Abb. 27, 28 und 29. Es erübrigt sich wohl, auf jede einzelne näher einzugehen. Abb. 30, 31 und 32 zeigen den Kurzwellenempfänger der Owin-Radioapp.-Fabr. Hannover. Eine Empfangsschaltung für ultrakurze Wellen, und zwar in der Größenordnung um 5 m herum, ist in Abb. 33 zu finden. Es ist ein sog. Hartley-Kreis, wie er später beim Sender öfters angewandt werden wird. Die gesamte Selbstinduktion L besteht für diese extremkurzen Wellen nur noch aus einer einzigen Windung flachen Kupferbandes oder -drahtes von ca. 15 cm mittlerem Durchmesser. Parallel liegen zwei sehr

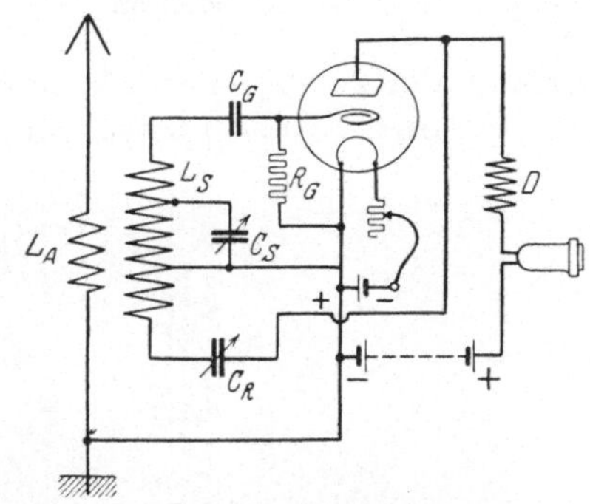

Abb. 26. Empfänger für den Wellenbereich von 15 bis 45 m.

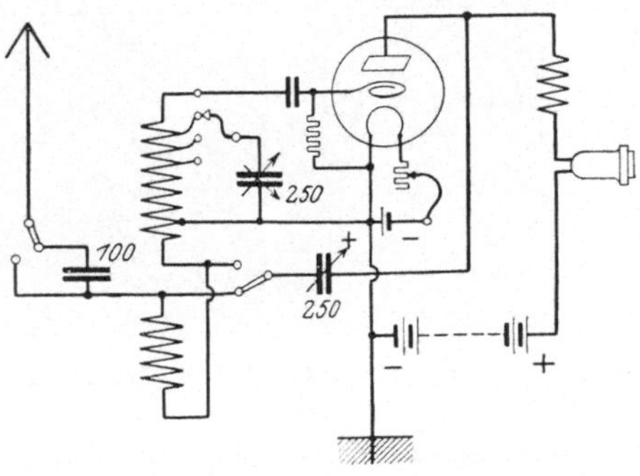

Abb. 27. Neuere Reinartz-Schaltung.

gute Luftdrehkondensatoren von je maximal 100 cm. Besser noch wäre ein solcher von z. B. nur 50 cm, der auch fest sein kann,

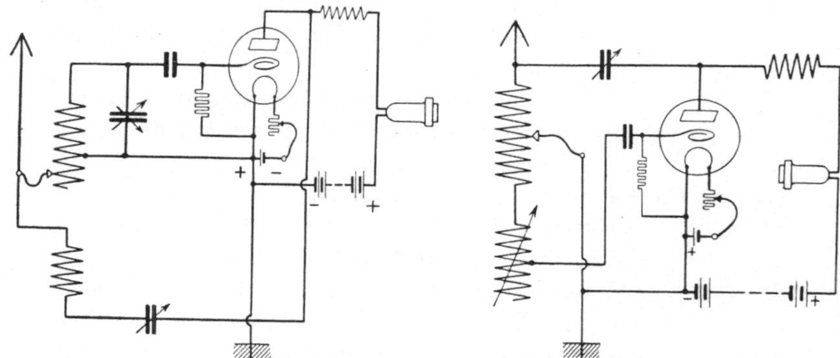

Abb. 28. Primärempfangsschaltung. Abb. 29. Schaltung mit Variometer.

während der zweite, in Serie liegende Drehkondensator eine verschwindende Nullkapazität aufweisen muß. Trotz der durch

Abb. 30. Kurzwellenempfänger der „Owin-Radioapparate-Fabrik", Hannover.

die Serienschaltung bedingten verhältnismäßig sehr flachen Abstimmung ist eine sehr gute Feinregulierung absolut unerläßlich, da die Abstimmschärfe auf Welle Fünf als mikroskopisch zu bezeichnen ist! Ein Schneckengetriebe, wenn möglich 1:100, mit Hilfe eines mindestens 30 cm langen Isolierstabes bedient, wird das mindeste sein.

Abb. 31. Innenansicht des Empfängers der Abb. 30.

Es dürfte vielleicht wieder am besten sein, den Begriff der „mikroskopischen Abstimmschärfen" an einem drastischen Beispiel auseinanderzurollen:

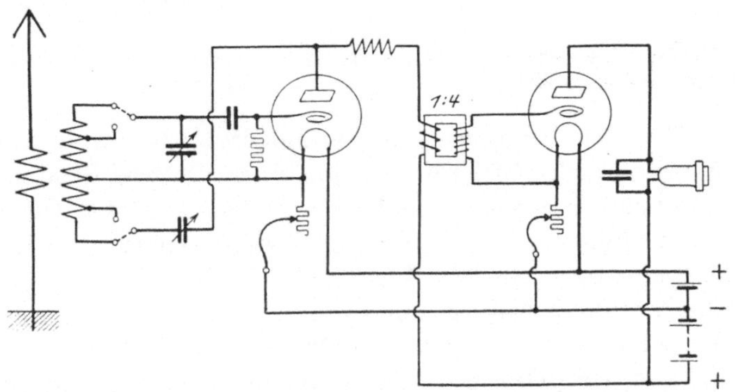

Abb. 32. Schaltbild des Empfängers nach Abb. 30 u. 31.

Rechnet man für jeden Telephoniesender ein Mindestfrequenzband von 12000 Schwingungen, so zeigt sich, daß auf dem klein erscheinenden Wellenbereich zwischen 4 und 5 m nicht

weniger als Tausend modulierte Sender ohne gegenseitige Störung untergebracht werden können. Daraus erhellt einerseits
leicht, wie sehr ungenau und roh die Angabe, z. B. $4\frac{1}{2}$ m Wellenlänge ist, andererseits aber wird man den Platzbedarf eines einzelnen Senders auf der Kondensatorskala leicht ausrechnen
können und findet z. B. in obigem Beispiel, daß bei einer hundert-
teiligen Skala auf jedem Teilstrich mindestens zehn Telephoniesender in entsprechendem Abstand liegen! Derartig kurzwellige Sender müßten ihre Welle natürlich auf Zehntel Milli-
meter genau festlegen und — auch ein-
halten! Welche außergewöhnlich hohen
Ansprüche an die Feinbewegungs-
möglichkeit gestellt werden müssen,
wird nach obigem ohne weiteres klar

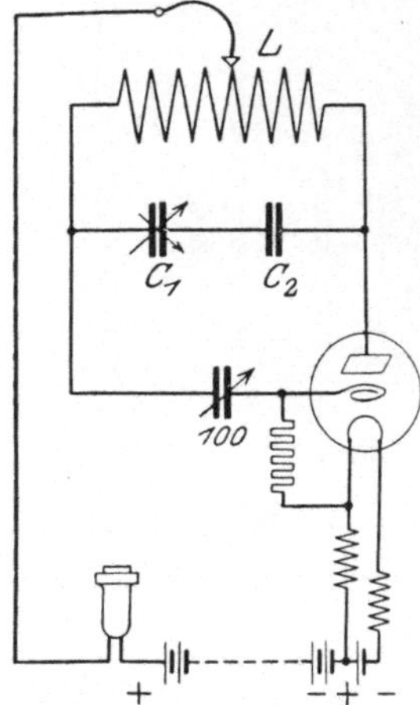

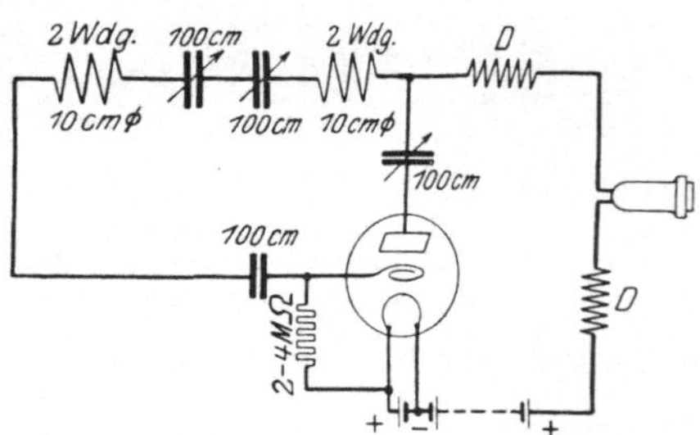

Abb. 33. Hartley-Schaltung   Abb. 34. Amerikanische Ultrakurzwellen-
für extrem kurze Wellen.   schaltung.

sein. Bei den geringsten Ungenauigkeiten im Antrieb müßte
der Abstimmende unfehlbar über gleich ein Dutzend Sender hin-
wegrutschen. Für rein ungedämpfte Telegraphiesender, die nach
dem Schwebungsverfahren empfangen werden müssen, werden die
Verhältnisse noch mehrfach krasser!

Eine andere Schaltung zum Empfang von Wellen der gleichen
Größe zeigt Abb. 34. (Nach „Wireless Weekly" v. 15. Juli
1925.) Die Drosselspulen D bestehen aus etwa 100 Windungen
feinen Drahtes, einlagig auf einen langen, engen Zylinder von Blei-
stiftform gewickelt. Honigwabenspulen sind hierfür nicht mehr
zu gebrauchen. Die Schwingungsspulen zu je 2 Windungen bei
10 cm Durchmesser sind selbstverständlich freistehend und miteinander in der angedeuteten Weise gekoppelt. Der Rückkopp-

lungskondensator im Anodenkreis soll ein absolut müheloses und weiches Übergehen in den Schwingungszustand ermöglichen. Die Schwingungen selbst sind außerordentlich intensiv, reißen aber augenblicklich ab, wenn kleine Metallteile den Spulen genähert werden. Auch der Einfluß der Handkapazität ist bei solchen Frequenzen (60000000) ein ungeheurer und müssen deshalb alle Bedienungsknöpfe mit langen Griffen ausgestattet werden. Die bei Wellenlängen in der Gegend von 10 bis 20 m beobachtete neue Störungsart durch die Zündkerzen vorbeifahrender Autos ist bei 5 m bereits wieder verschwunden und herrscht dort unten vorläufig noch arktische Stille. Derartige Apparate dienen in der Hauptsache zunächst dem Studium ultrakurzer Wellen im Rahmen des Laboratoriums, und zwar in Verbindung mit einem Sender gleicher Dimensionen (siehe diese!). Größere Reichweiten scheinen heute noch nicht erzielt worden zu sein, jedoch wird man gut tun, in Geduld abzuwarten, was die nächste Zukunft bringen wird. Auf Überraschungen bizarrster Art sind wir ja nicht mehr ganz unvorbereitet!

f) Der Superheterodyneempfänger.

Dieser gehört zu den hochwertigsten Empfangsmitteln, die wir zur Zeit besitzen und hat hauptsächlich folgende Vorteile: Er gestattet die Heranziehung weitgetriebener Hochfrequenzverstärkung bei einfacher Bedienung und erhöht die Selektivität des Empfangs wesentlich. Der Superheterodyneapparat, ein zwar ausgesprochener Kurzwellenempfänger, kann bereits dort eingesetzt werden, wo die sonst üblichen, bequemen Methoden der Hochfrequenzverstärkung zu versagen beginnen, das ist bei Wellen unter 2000 m. Mit abnehmender Welle wird das Problem der einwandfreien, weitgehenden und doch einfachen Hochfrequenzverstärkung stets heikler und findet spätestens bei etwa 100 m eine endgültige Grenze. Unter dieser Grenze ist normale Hochfrequenzverstärkung in lohnender Weise nicht mehr zu verwirklichen, ein Grund, weshalb bei allen bisherigen Empfangsschaltungen nur das einfache Audion zur Verwendung kam. Doch schon bei längeren Wellen, wie 300 bis 1000, sind unverkennbare Schwierigkeiten zu verzeichnen und werden bereits kompliziertere Schaltungen wie Neutrodynes, Superregenerative u. a. Hilfsmittel erforderlich, deren Bedienung nicht einfach ist. Nur lange Wellen über 2000 m können in sehr einfacher Weise mit Hilfe des aperiodischen Hochfrequenzverstärkers wirksam verstärkt werden. Da sowohl die Rundfunkwellen als auch alle darunter liegenden Kurzwellen von diesem Vorzuge ausgeschlossen sind, sann man auf Mittel und Wege, dem Übel in idealer Weise abzuhelfen.

Eine sehr gute Lösung bildet das Prinzip des Superheterodyne- oder Transponierungsempfanges, bei dem die empfangene Kurzwelle sofort in eine Langwelle umtransformiert wird, deren effektive Hochfrequenzverstärkung keinerlei Schwierigkeiten mehr in den Weg legt.

Seiner umfassenden Wichtigkeit halber, die der Superheterodyneempfänger nicht allein für ausgesprochene Kurzwellen, sondern auch für den weitere Kreise interessierenden Rundfunkempfang hat, soll im folgenden näher darauf eingegangen werden, um so mehr, als nur das Verständnis der grundsätzlichen Vorgänge beim Transponierungsempfang den möglichen guten Erfolg verbürgt.

Der Grundgedanke. Das Wort Superheterodyne selbst ist schlecht zu verdeutschen, wir müssen es daher näher umschreiben. Es bezeichnet eine ganz besondere Anwendungsart des sog. Heterodynes oder Überlagerers, eines Zusatzapparates, der bei den meisten offiziellen Empfangsstationen zum Hörbarmachen rein ungedämpfter Morsezeichen dient. Den dabei auftretenden Vorgang nennt man „Überlagerung“, sein physikalischer Name ist:

Interferenz. Diese ist eine sehr interessante Erscheinung und kann auf allen möglichen Gebieten nachgewiesen werden, wie in der Mechanik, Kinematik, Akustik, Optik und im Reiche der elektromagnetischen Schwingungen. Sie tritt stets beim Zusammentreffen zweier Schwingungen auf und äußert sich in folgender Weise: Die beiden „interferierenden“ Schwingungszüge rufen einen dritten sortengleichen Schwingungszustand hervor, dessen Frequenz stets gleich der Differenz der beiden ersten Frequenzen ist, und dessen Amplitude bis zur Summe derselben anschwellen kann. Zeichnerisch läßt sich dieses allgemeingültige Gesetz wie folgt veranschaulichen (siehe Abb. 35): Man zeichne eine gleichmäßige Wellenlinie A, die z. B. einen Schwingungszug von 6 Perioden per Zeiteinheit vorstellen soll. Senkrecht darunter kommt die zweite Welle mit sagen wir 8 Perioden in derselben Zeit zu stehen (B).

Diese beiden sollen nun „überlagert“, also zur Interferenz
gebracht werden. Auf dem Papier kann dies mittels Stechzirkel
bequem ausgeführt werden, indem man zunächst jede einzelne
Periode in mehrere Abschnitte oder „Momentanwerte“ zerlegt.
Je nachdem, ob die jeweils korrespondierenden Stücke gleicher,
oder aber entgegengesetzter Richtung, d. h. positiver oder nega-
tiver Polarität, sind, werden sie addiert resp. subtrahiert. Bei
geduldiger Ausführung dieser Arbeit entstehen die mit C bezeichneten sog. Schwebungen als Resultierende, und zwar sind es
hier $8 - 6 = 2$ (oder $6 - 8 = - 2$) Stück. Am ausgeprägtesten

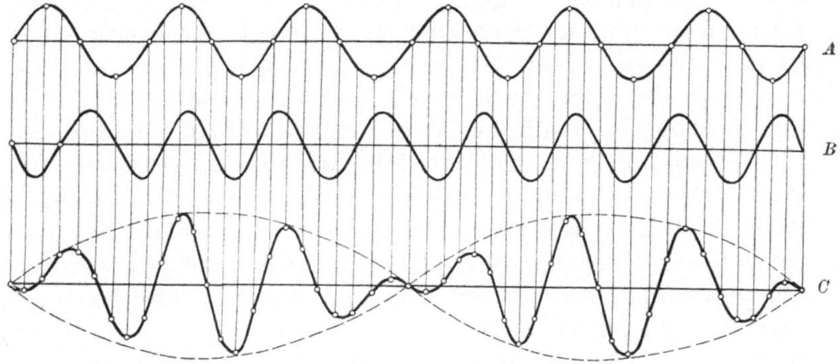

Abb. 35. Entstehen von Schwebungen.

erscheinen sie bei gleicher Amplitudenhöhe und nur geringer Differenz in den Frequenzen der beiden ersten Schwingungen.

Praktisch wahrnehmbar sind derartige Interferenzer-
scheinungen, wie erwähnt, überall, wo eben zwei Schwingungen
irgendwelcher Art zusammentreffen. Am häufigsten ist dies in
der Akustik zu beobachten: Zwei Stimmgabeln, besser Stimm-
pfeifen mit nur geringfügiger Differenz in der sekundlichen Schwingungszahl (Tonhöhe) ergeben leicht hörbare Schwebungen, aus
deren Zahl man den absoluten Unterschied leicht berechnen kann.
Auf ähnlicher Basis beruht u. a. auch die jedermann schon aufge-
fallene Geschichte von den scheinbar viel zu langsam oder sogar rückwärts laufenden Automobilrädern usw. auf der Kino-
leinwand. Die periodische Filmfortbewegung resp. die Tätig-
keit des sog. Verdunklers einerseits, und irgendeine in ähnlichem
Tempo periodisch auftretende Bewegung auf dem Bild selbst, ergeben solche ungewollten Effekte. Es wäre ein leichtes, noch ein

Dutzend weiterer Beispiele dieser Art hier aufzuführen, doch wäre die Abschweifung zu groß.

Wichtig ist für uns vielmehr die **Interferenz der elektrischen Schwingungen**. Es ist bekannt, daß die in der drahtlosen Telegraphie gebräuchlichen hohen Schwingungszahlen so ohne weiteres nicht hörbar sind, da weder das menschliche Ohr, noch die Membrane des Telephons den schnellen Impulsen zu folgen vermögen. Abgesehen von den Funkensendern und der Telephonie, die durch hörbare „Tonfrequenzen" moduliert sind, muß im rein ungedämpften Verkehr erst eine Umsetzung der hohen in niedere Frequenzen erfolgen. Hierfür benützt man überall die Interferenz, praktisch ausgeführt durch die Überlagerung einer **künstlich erzeugten Hilfsschwingung** auf die empfangene **Fernschwingung**. Durch passende Wahl der ersteren ist leicht jede gewünschte **Tonhöhe** zu bekommen. Die Erzeugung der Hilfsschwingung kann grundsätzlich auf zwei Arten erfolgen, entweder durch **Schwingenlassen des Empfängers selbst** (feste Rückkopplung), oder durch Anfügen eines getrennten Schwingungserzeugers, genannt **Überlagerer**. Den ersteren Fall kann man vorteilhaft bei kürzeren Wellen anwenden (Autodyneempfänger), während bei längeren Wellen besser der getrennte Überlagerer, der Heterodyneapparat benützt wird, da die für eine gegebene Empfangstonhöhe notwendige **Verstimmung des Hilfskreises** prozentual mit der Welle zunimmt.

Für die Zwecke des Superheterodyneempfanges gilt zunächst das gleiche: Man kann auch hier unter Umständen einen fremden Überlagerer entbehren und spricht dann von **Superautodyneempfang**. Dieser kann für sehr kurze Wellen äußerst nützlich, ja sogar zur **Bedingung** werden, für alle längeren Wellen (z. B. Rundfunk) dagegen kommt nur der **Superheterodyneempfang** in Frage.

Der Überlagerer. Nach obigem benötigen wir zunächst einen Überlagerer. Es ist dies ein eingebauter oder getrennter Schwingungskreis mit irgendwelcher Selbsterregung und hat ähnliche Schwingungen zu liefern, wie die vom Empfänger kommenden. Nachstehend seien die hauptsächlichen Ausführungsformen für Überlagerer wiedergegeben. Abb. 36 bringt das früher gern benutzte Schema mit induktiver Rückkopplung. Die erzeugte Schwingungsfrequenz hängt von der Größe der Spule L und dem Drehwinkel des Drehkondensators C ab, kann also innerhalb gewisser Grenzen verändert werden. Die Rückkopplungsspule R soll nicht größer als unbedingt nötig sein und kann fest eingebaut werden. Heute findet man häufiger die sog. Dreipunktschaltung (Abb. 37), deren Vorteil darin besteht, daß eine besondere Rückkopplungsspule wegfällt oder, exakter ausgedrückt, in der Kreisselbstinduktion selbst enthalten ist. In Abb. 38 findet man ein

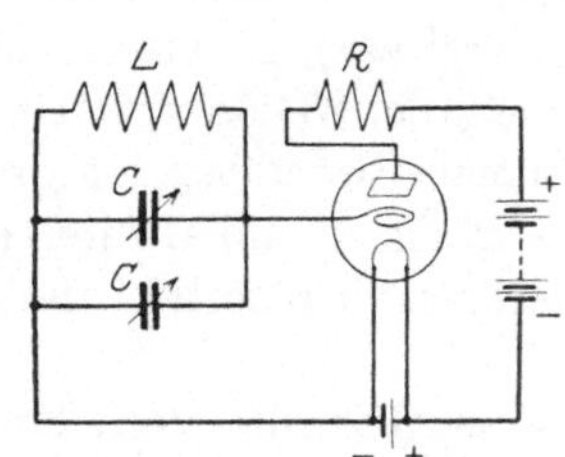

Abb. 36. Überlagerer mit induktiver Rückkopplung.

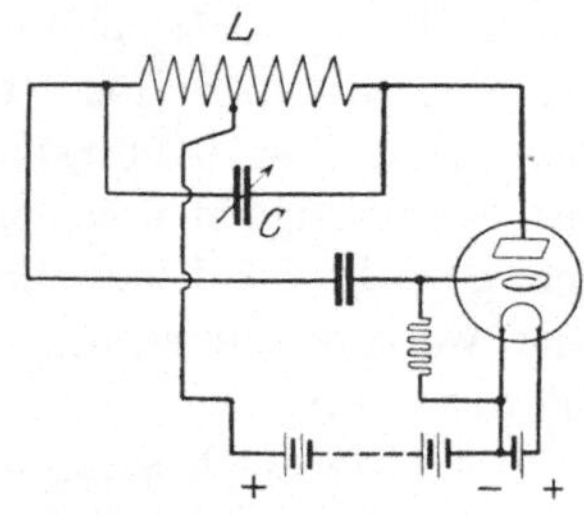

Abb. 37. Überlagerer in der sog. Dreipunktschaltung.

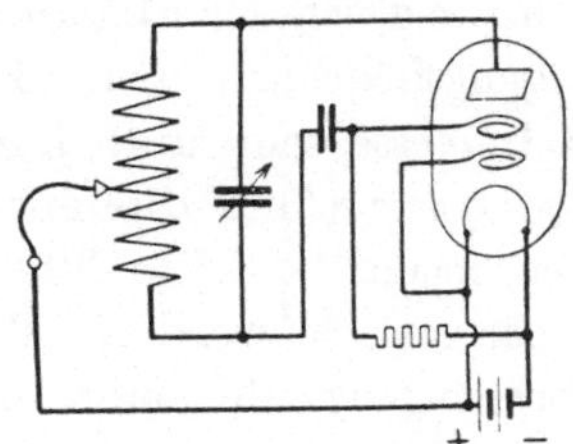

Abb. 38. Überlagerer ohne Anodenbatterie.

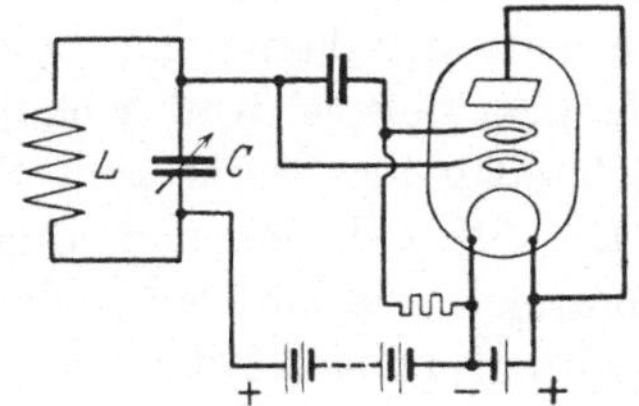

Abb. 39. Überlagerer nach Numans-Roosenstein.

ganz ähnliches Schema, wobei die Anodenbatterie in Wegfall kommt. Die Schaltung arbeitet nur mit Doppelgitterröhre und kommt besonders für mittlere und längere Wellen in Frage.

Eine ganz neuartige Methode, Schwingungen passender Intensität zu erzeugen, wurde von den Holländern Numans und Roosenstein angegeben. Es wird ebenfalls von einer Doppelgitterröhre Gebrauch gemacht, und zwar in der Schaltung der Abb. 39. Das Schema läßt überhaupt eine sichtbare Rückkopplung vermissen, diese ist vielmehr in der Röhre selbst zu suchen und wird durch die Wirkung des Vorgitters bedingt. Ein großer Vorteil der Schaltung liegt in der Unabhängigkeit des Kreises LC vom übrigen System, so daß sich z. B. jeder beliebige andere

Schwingungskreis, wie Wellenmesser, Zwischen- und Sperrkreis usw. ohne weiteres verwenden läßt. Der Schwingungseintritt erfolgt mit außerordentlicher Leichtigkeit und hält selbst bei ganz anormal hochgetriebener Ballastkapazität C noch an. Meist dürfen sogar Anoden- und Heizspannung noch reduziert werden, ehe der Schwingungszustand aufhört. Weiterhin gerühmt wird die gute Konstanz der Schwingungen, die um so größer wird, je kleiner die Anodenspannung gewählt wird. Führt man diese jedoch auf die volle Höhe (wie die des Vorgitters), so lassen sich Frequenzen von 30 000 000 in der Sekunde (d. h. Wellen von 10 m) ohne Schwierigkeiten erzeugen. Der Numans-Generator ist demnach gerade für Kurzwellen besonders geeignet und findet der Leser weitere interessante Angaben hierüber im Kapitel „Kurzwellenmessung".

Mit Hilfe des Überlagerers ist es also möglich, die vom Empfänger aufgenommene ungedämpfte Schwingung in einen hörbaren Ton umzuwandeln. Es war fernerhin schon gezeigt worden, daß die Schwebungsfrequenz oder Tonhöhe gleich der absoluten Differenz der Fern- und Lokalschwingungsfrequenz wird. Ein einfaches Beispiel wird vielleicht von Interesse sein und kann gleichzeitig als Brücke zum Superheterodyneempfang dienen:

Es soll z. B. ein rein ungedämpfter Sender von $\lambda = 300$ m empfangen und mittels Überlagerer hörbar gemacht werden. Wir berechnen zunächst die sekundliche Schwingungszahl nach der Formel:

$$\nu = \frac{3 \cdot 10^8}{\lambda} = \frac{3 \cdot 10^8}{300} = 1 \text{ Million.}$$

Da nur Schwingungszahlen zwischen etwa 50 und 5000 als Ton gut zu hören sind, müssen wir eine innerhalb dieser Grenzen liegende Schwebungsfrequenz zu bekommen trachten. Es gibt dabei zwei Möglichkeiten: Der Überlagerer muß entweder 1 Million minus (50 bis 5000) oder aber 1 Million plus (50 bis 5000) Schwingungen liefern. Praktisch findet man die beste Differenz einfach durch Drehen am Überlagererknopf. Eine bevorzugte Tonhöhe liegt in der Gegend von 1000 und erhalten wir diese bei den Überlagererstellungen 999 000 resp. 1 001 000. Würde der Überlagerer ebenfalls genau 1 Million Schwingungen machen, so wäre die Interferenzschwingung gleich Null, ein Ton also nicht hörbar, man arbeitet im Interferenzpunkt. Verstimmt man den Über-

lagerer dann vorsichtig, so wird ein zunächst tiefer Schwebungston vernehmbar, dessen Höhe proportional der wachsenden Verstimmung ansteigt und das ganze Tonspektrum durchläuft, um
je nach Umständen bei 10 bis 15000 Schwingungen allmählich
unhörbar zu werden. Man sagt, der Ton liegt außerhalb der Hör-
grenze des Ohres. Damit ist der Überlagerungs- oder Heterodyne-
empfang am Grenzwert angelangt und an ihn schließt sich der
Über-Überlagerungs- oder Superheterodyneempfang an.

Verfolgt man die Angelegenheit noch etwas weiter, so steigt
die Schwebungsfrequenz auch über 15000, 20000 immer weiter
und erreicht bald den Wert von z. B. 30000 Schwingungen. Dies
ist nun aber nichts anderes als die Quelle einer neuen Wellenlänge von 10000 m, mit anderen Worten:

Aus der Interferenz zwischen Empfangs- und der Überlage-
rungswelle resultiert bei passender Differenz eine neue 10000-
m-Welle. Während ursprünglich die kurze Welle von 300 m
nur unter großen Schwierigkeiten und sehr umständlich
hochfrequent verstärkt werden konnte, ist dies bei 10000 m
eine viel einfachere Sache.

Auf diesem Prinzip beruhen der Superheterodyneempfänger
und die meisten seiner Abarten. Man spricht von einer Trans-
formation der Wellenlänge (genauer gesagt der Frequenz!)
und können nicht nur ungedämpfte, sondern auch Telephoniesender in der gleichen Weise empfangen werden, da die
aufgedrückte Sprache usw. stets mitgenommen wird, um bei
der letzten Gleichrichtung im Ausgangsaudion allein übrigzu-
bleiben.

Praktische Ausführungsformen. Alle Superheterodyneempfänger können somit grundsätzlich in zwei Hauptteile zerlegt
werden, einen Kurz- und einen Langwellenteil. Praktisch ist dazu noch der Überlagerer für den ersten, und ein Hochfrequenz-
verstärker für den letzteren erforderlich, so daß wir etwa folgendes allgemeine Schaltbild bekommen (Abb. 40): Ein normaler
Kurzwellenempfänger, induktiv mit ihm gekoppelt der Überlagerer $Ü$, weiterhin ein Langwellenkreis LW und endlich der Hochfrequenzverstärker. Die Wirkungsweise wird nach dem vorher-
gehenden ohne weiteres klar sein. Zum Empfang rein ungedämpfter Morsesignale müßte noch ein zweiter Überlagerer für den Langwellenkreis beschafft werden. Die Leistungsfähigkeit des Ganzen

hängt in erster Linie von der Güte des Kurzwellenteils, dann aber auch wesentlich vom Hochfrequenzverstärker ab.

Der Hoch- oder Zwischenfrequenzverstärker. Die letztere Bezeichnung ist aus dem Grunde vielleicht logischer, weil wir eigentliche Hochfrequenz im engsten Sinne nur im Kurzwellenkreis haben, während die übertransponierte Langwelle als Zwischen-

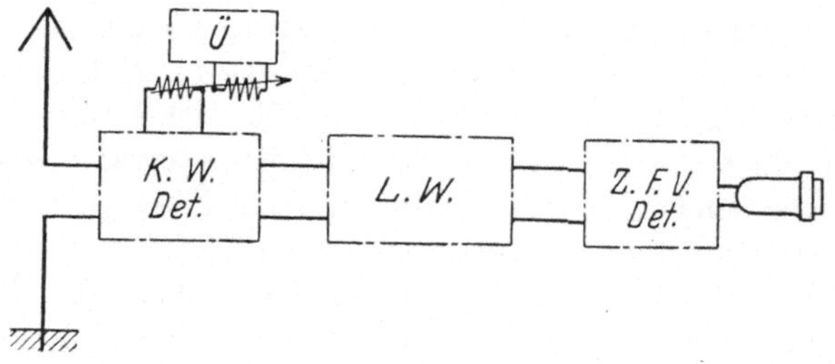

Abb. 40. Prinzipielle Anordnung des Superheterodyneempfängers.

frequenz, und die zuletzt hörbare Tonschwingung als Niederfrequenz angesprochen werden können. Es soll also in Zukunft nur diese Bezeichnung gebraucht werden.

In Anmerkung kommt jeder gute Röhrenverstärker, mit dem eben Wellen über 2000 m wirksam und unverzerrt verstärkt wer-

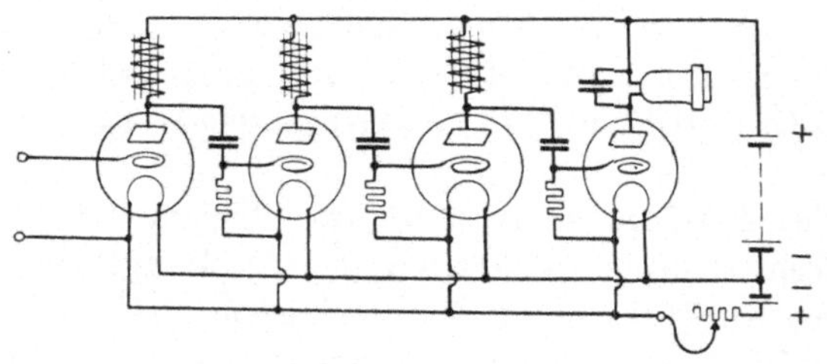

Abb. 41. Aperiodische Verstärkerkopplung.

den können. Man kann, klassifiziert nach der Art des Aufbaues und der Schaltung, etwa folgende Haupttypen unterscheiden:

a) rein aperiodisch gekoppelte,
b) teilweise aperiodisch gekoppelte,
c) abgestimmte,
d) transformatorgekoppelte.

Zu a) Wer eine einfache, sichere und billige Zwischenfrequenzverstärkung vorzieht, wähle diese Methode (siehe Abb. 41). Aus
der Schaltung dürfte die Hauptsache hervorgehen, für den Selbstbau findet man
nähere Angaben im
folgenden Abschnitt
(Abb. 49). Zu b)
Eine ähnliche, aus
a) abgeleitete, je-
doch viel bessere
Schaltung gibt Abb.
42. Hier liegt im
Anodenkreis der
ersten Röhre ein ab-

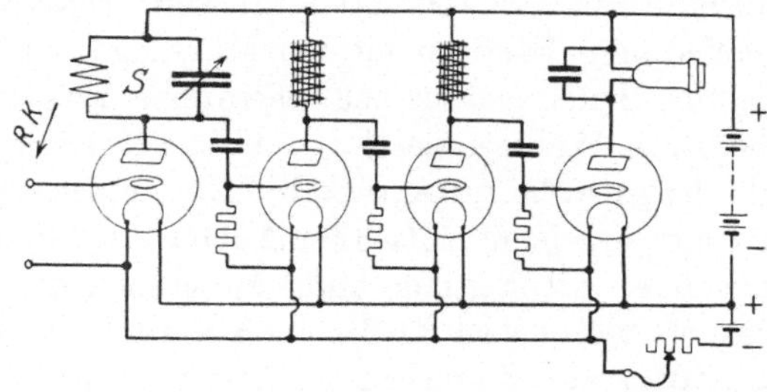

Abb. 42. Verstärker mit erstem Anoden-
abstimmkreis.

gestimmter Sperrkreis S, der einen höheren Verstärkungsgrad
und eine gewisse Selektivität des ganzen Verstärkers zuläßt.
Durch Rückkopplung dieses Sperrkreises auf einen vorangehenden
Gitterkreis können sowohl Verstärkungsgrad als auch Selektivität noch erheblich verbessert werden. Das Schema ist somit
weitgehend zu empfehlen.

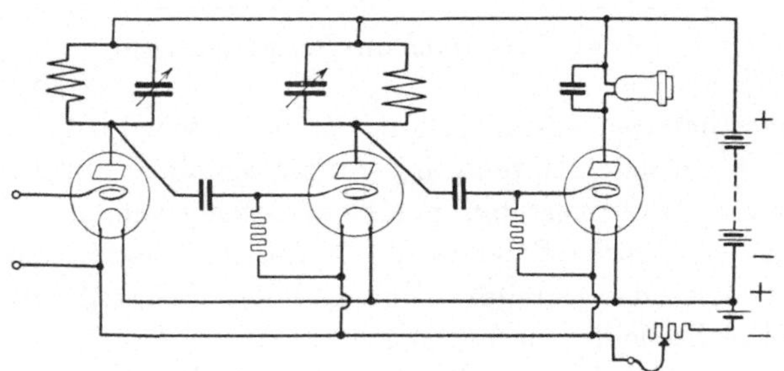

Abb. 43. Verstärker mit mehreren Sperrkreisen.

Zu c) Hier besitzt jede einzelne Röhre, mit Ausnahme der
letzten, einen solchen Anodensperrkreis (siehe Abb. 43). Die Verstärkung kann eine außerordentlich große bei haarscharfer Abstimmung sein. Trotzdem wird diese Methode kaum zu empfehlen sein wegen ihrer Umständlichkeit und außerordentlich großen
Schwingneigung. Letztere gestaltet das Schema zu einem gewissen Problem und ist nur sehr schwierig zu besiegen.

Zu d) Abb. 44 gibt eine Schaltung mit sog. Zwischenfrequenz-

transformatoren wieder. Sie lehnt sich eng an die Niederfrequenz-
verstärkerschaltung an, besitzt dagegen ihren maximalen Verstärkungsgrad nur bei einer festen Wellenlänge, auf die alle Transformatoren abgestimmt sein müssen. Diese selbst werden von verschiedenen Fabriken auf den Markt gebracht, meist in Sätzen zu
je vier Stück und für eine bestimmte, zwischen 2200 und 10000 m
liegende Welle gewickelt. Leider vergessen manche Fabrikanten
die Eigenwelle zu vermerken. Ein transformatorgekoppelter Verstärker erscheint einfach im Aufbau und in der Bedienung, wenngleich er nicht gerade billig zu stehen kommt. In Wirklichkeit
jedoch bleibt dem Bastler noch manche Nuß zu knacken, ehe der
Apparat zur Zufriedenheit arbeitet. Die Tendenz, in intensive

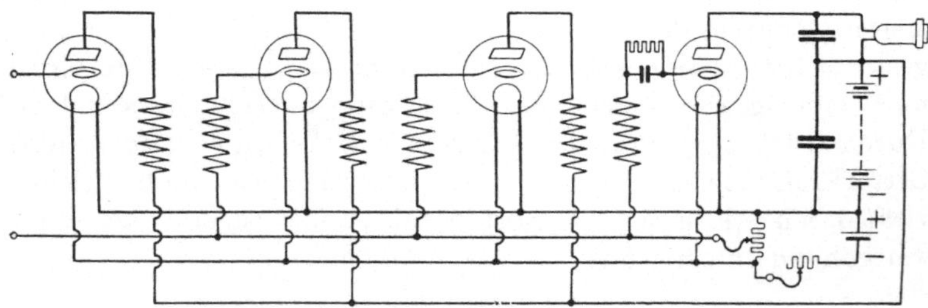

Abb. 44. Verstärker mit Transformatoren.

Eigenschwingungen auszubrechen, ist meist sehr groß, und oft
überhaupt nur unter Anwendung sanfter Gewalt zu unterdrücken
(wie Heizstromverringerung, positive Gitterspannungen, Dämp-
fungs- also schädliche Widerstände, künstliche Verstimmung eines
Teils usw.), so daß es selten ohne reichliche Schweißtropfen ab-
geht. Eine Sache für sich bildet schon die vom Fabrikanten stets
besonders hervorgehobene „laboratoriumsmäßige, präziseste Ab-
gleichung“. Es ist dies ein heikles Kapitel und sollten nur wirklich erstklassige Transformatoren verwendet werden, wenn man
Enttäuschung vermeiden will. Sollte sich die Eigenschwingung
nicht unterdrücken lassen, so wird empfohlen, die letzte Stufe weg-
zulassen, denn drei einwandfrei arbeitende Stufen sind oft vier
schlechten, künstlich verpfuschten Verstärkerstufen vorzuziehen.
Im übrigen müssen die von der Fabrik mitgelieferten Vorschriften hinsichtlich Schaltung, Anschluß und eventuell Röhrenart
streng befolgt werden. Transformatoren ohne irgendwelche An-

gaben sind als verdächtig zu vermeiden, man würde vielleicht vor
lauter Probieren gar nicht mehr zum Empfang kommen können.

Welche der hier kurz erwähnten Methoden anzuwenden ist,
muß von Fall zu Fall untersucht werden. Es ist schwierig, etwas
Näheres zu sagen, da die Anforderungen wie auch die Geldmittel
des einzelnen verschieden sind.

Schaltungen. Eine der einfachsten Anordnungen zum Transponierungsempfang zeigt Abb. 45. Das Schema stellt einen Su-
perautodyneapparat vor, der aus einem normalen Primär-
empfänger heraus entwickelt wurde, dessen Rückkopplung bis
zur Erregung der Eigenschwingungen getrieben wird. Im Anoden-

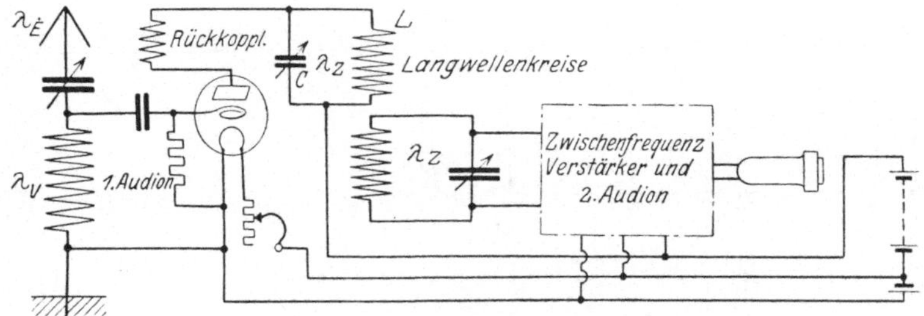

Abb. 45. Superautodyneempfänger.

kreis des Audions liegt nun an Stelle des Telephons eine passende
Spule L (geeignet sind hierfür Honigwabenspulen mit über 300
Windungen) welche mit dem Kondensator C zusammen eine längere Eigenwelle (über 2500 m liegend) besitzt. Wird mit dem
schwingenden Empfänger dann irgendeine Welle λ_E empfangen
der Antennenkreis jedoch nicht genau auf dieselbe, sondern
auf die entsprechend abweichende Welle λ_V eingestellt, so wird
sich die Differenz der beiden Schwingungen als Interferenzwelle
$\lambda_Z = 3000$ m im Anodensperrkreis aufbauen. Von hier aus unterliegt
sie einer mehrfachen Zwischenfrequenzverstärkung im Zwischenfrequenzverstärker, um dann nach wiederholter Gleichrichtung
durch das letzte Audion in den Fernhörer zu gelangen.

Der Nachteil des Schemas ist ein prinzipieller und liegt eben
in der notwendigen Verstimmung begründet, die der Antennenkreis gegenüber der Empfangswelle erleiden muß. Es ist klar, daß
die Lautstärke hierdurch wesentlich vermindert wird. Nun ist
die Größe der Verstimmung nicht nur von der Länge der zu wäh-

lenden Zwischenwelle, sondern in besonderem Maße auch von der
Empfangswelle abhängig, und zwar steigt sie prozentual mit der
letzteren an. Ein kleines Beispiel wird dies wiederum beweisen:

In der graphischen Darstellung der Abb. 46 ist in zwei Fällen
rechnerisch festgelegt worden, wie groß die erforderlichen Verstimmungen für je eine Empfangswelle $\lambda = 500$ und $\lambda = 50$ m
sein müssen, um eine Zwischenwelle von 3000 m hervorzurufen.
Die Abbildung läßt für $\lambda = 500$ m eine Verstimmung bis **429** m nach
unten (*A*), oder aber bis **600** m nach obenhin (*B*), entsprechend
14,2 resp. 20%, erkennen. Dies sind natürlich ganz unzulässig hohe
Werte, die mit kürzerwerdender Empfangswelle (wie auch mit

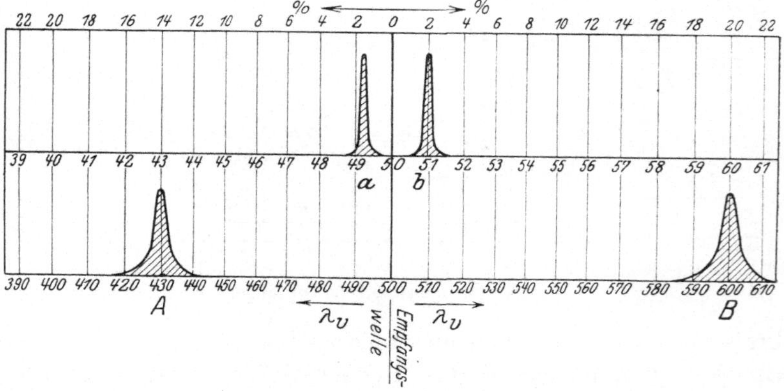

Abb. 46. Darstellung der Verstimmungsbeträge für Superempfang.

längerwerdender Zwischenwelle) kleiner werden. Die beiden anderen Kurven *a* und *b* beziehen sich dann auf $\lambda = 50$ m (gleiche
Zwischenwelle vorausgesetzt!), und zwar gehen hier die Verstimmungen nur bis 49,18 resp. 50,89 m (also nur 1,64 resp. 1,78 %),
welche Werte praktisch schon viel leichter in Kauf zu nehmen sind.

Die Schlußfolgerung des Exempels ist unschwer zu ziehen:
Für **sehr kurze Wellen** ist die Superautodynemethode bestens
geeignet, ja mit Rücksicht auf die immer schärfer werdende Abstimmung sogar erwünscht, sie kann zum Beispiel ohne große Bedenken für Wellen um und unter hundert Metern benützt werden.
Für alle längeren Wellen jedoch, bis zur Grenze des Superempfan-
ges überhaupt (3000 m), kommt nur der **Superheterodyneempfang** in Frage. Hier ist überhaupt keine Verstimmung von

Empfangskreisen mehr nötig, die des Überlagerers aber kann bei
genügendem Spielraum in der Kopplung keinerlei Schaden bringen.
Es ist also lediglich die Eigenschwingung des Empfangskreises in
Abb. 45 durch Losermachen der
Rückkopplung abreißen zu lassen
und durch eine besondere Über-
lagererschwingung zu ersetzen. Die
Lautstärke wird dabei ganz beträchtlich gewinnen. Eine normale
Schaltung dieser Art ist in der
Abb. 47 zu sehen. Als Überlagerer kann der durch seine Einfachheit ausgezeichnete Numans - Gene-
rator oder auch jeder andere gute
Schwingungserzeuger verwendet
werden. Der Zwischenfrequenzverstärker ist aus den Abb. 41—44 zu
ersehen. Im übrigen können, vom
Grundprinzip ausgehend, die verschiedensten Zusammenstellungen
getroffen werden.

Eine andere Art des Zwischenfrequenzempfanges wurde von Lacault ausgearbeitet und ist als
„Modulationsschaltung" bekannt (Abb. 48). Ihre Eigenart
besteht darin, daß die
Überlagererschwin-
gung nicht induktiv
auf den Empfangskreis
übertragen wird, son-
dern zur Speisung der
Anode der Detektor-

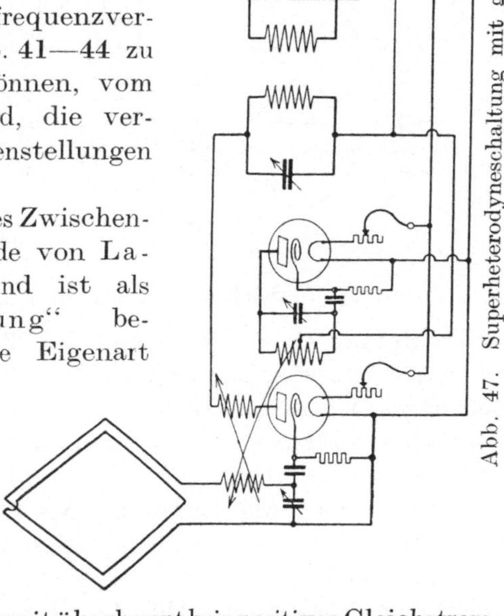

Abb. 47. Superheterodyneschaltung mit getrenntem Überlagerer.

röhre dient. Diese erhält somit überhaupt kein positives Gleichstrom-
potential aus der Anodenbatterie, sondern vielmehr hochfrequente
Wechselspannung passender Frequenz, die mit der empfangenen
Schwingung sofort zur Interferenz kommt, von ihr moduliert
wird. Die Erfahrungen, die mit dieser Schaltung gemacht wurden,
sind sehr gute.

Größenangaben zum Selbstbau eines Superheterodyneempfängers. Eine besonders für Bastler geeignete, praktisch ausprobierte Schaltung zeigt Abb. 49. Sie ist deshalb interessant, als sie verschiedene Untersuchungen vorzunehmen gestattet, wie z. B.:

a) Die Länge der Zwischenfrequenzwelle kann innerhalb weitester Grenzen nach Belieben gewählt werden, so daß für jeden Fall die günstigste Einstellung möglich ist, während etwaigen Störern leichter aus dem Wege gegangen werden kann.

b) Der erste Audionkreis ist ohne weiteres als normaler Rückkopplungsempfänger zu verwenden, was beispielsweise für Orts-

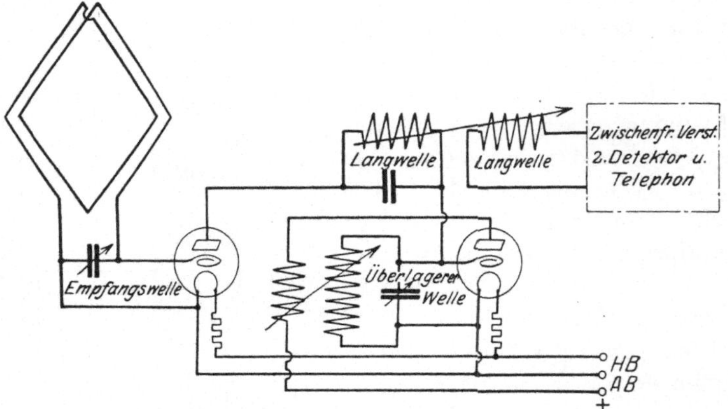

Abb. 48. Modulationsschaltung nach Lacault (Ultradyne).

senderempfang ein großer Vorteil ist. Zugleich kann das Einstellen der ganzen Apparatur in systematischer Weise erfolgen, indem man zunächst auf der ersten Röhre allein empfängt, so gut als möglich abstimmt, um erst dann auf Transponierungsempfang überzugehen.

c) Die aperiodische Kopplung des Zwischenfrequenzverstärkers arbeitet wesentlich stabiler als andere. Ihr Verstärkungsgrad kann nachträglich stets noch verbessert werden, indem man einfach zur Schaltung der Abb. 42 übergeht. Auch ist die Selektivität glücklicherweise nicht derart, daß starke Verzerrungen der Sprache zu befürchten sind.

d) Eine veränderliche Kopplung zwischen erstem und zweitem Langwellenkreis erhöht die Störungsfreiheit und gewährleistet andererseits saubere Abstimmverhältnisse.

e) Zum Suchen kurzwelliger Telegraphie- und Telephoniesender arbeitet der Apparat auch als Superautodyne, wobei der Überlagerer zunächst außer Betrieb bleibt und Eigenschwingungen des Audions bei fester Rückkopplung zur Überlagerung herangezogen werden. Abb. 50 zeigt die probeweise Zusammenstellung des Empfängers im Bild.

Zunächst benötigen wir einen soliden Dreifachspulenhalter, wenn möglich mit Zahnradantrieb. Die mittlere Spule L_1 dient zur Antennenabstimmung, auf sie induzieren die Spulen L_2 der Rückkopplung und L_3 des Überlagerers. Drehkondensator C_A mit Feinregelung hat etwa 500 cm und liegt im Antennenkreis. Bei Verwendung einer Rahmenantenne wird diese an die Klemmen X und Y angeschlossen. Soll jedoch mit klei-

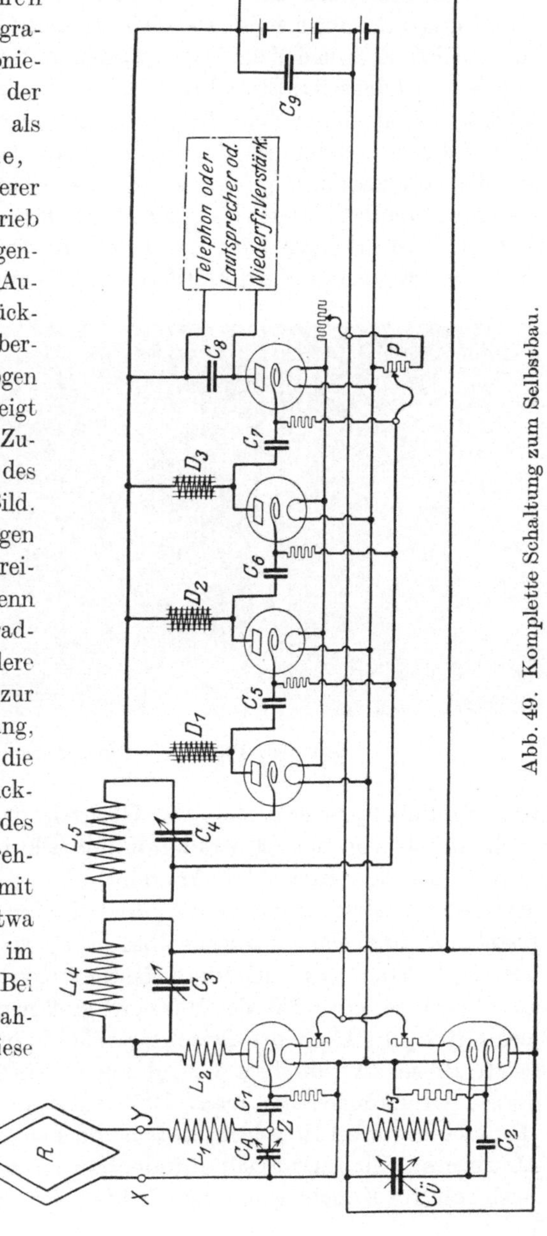

Abb. 49. Komplette Schaltung zum Selbstbau.

ner Frei- oder Zimmerantenne empfangen werden, was zuerst zur
Einübung zu empfehlen ist, so wird sie an die Punkte Y und Z gelegt, während X und Y durchverbunden werden müssen. Als Überlagerer wird der seiner Einfachheit halber vorzuziehende Numans -
Überlagerer gewählt. Es wird also eine Doppelgitterröhre (R. E. 82,
R. E. 26 o. a.) erforderlich, die mittels geeignetem Glühdrahtwiderstand gut einreguliert werden kann. Der Überlagererkondensator
C_U kann ebenfalls 500 cm besitzen, Gitterkondensator C_2 ist nicht
kritisch, ein richtiger Wert ist 1000 cm. Der Ableitungswider-
stand sei zwischen 10^6 und $3 \cdot 10^6$ Ohm. Wichtig ist, daß die Über-

Abb. 50. Probeweiser Zusammenbau.

lagererspule L_3 innerhalb weiter Grenzen, d. h. innerhalb eines
Drehwinkels von rund 90 Grad mit der Schwingungsspule L_1 gekoppelt werden kann. Im Anodenkreis der Audionröhre liegt
neben der Rückkopplungsspule L_2 noch der Schwungradkreis $L_4 C_3$,
bestehend aus einer auswechselbaren Steckspule (Honigwaben
über 300 Windungen) und dem festen, besser Drehkondensator
C_3. Dieser sei etwa 500 oder 1000 cm groß und bestimmt zusammen mit L_4 die Länge der Zwischenwelle. In induktiver Nachbar-
schaft dieses Kreises liegt ein gleicher Schwingungskreis $L_5 C_4$,
dessen Drehkondensator max. 1000 cm Kap. haben muß. Die
Hauptsache dabei ist jedoch, daß beide Langwellenkreise gleiche
Abstimmung haben, weshalb mindestens einer variabel sein muß.
Auch soll die Kopplung zwischen beiden Spulen veränderlich sein.

(Zweifachspulenhalter). Die Montage desselben muß in einigem Abstand vom Dreifachhalter geschehen, um Rückwirkungen zu vermeiden.

Unmittelbar an den zweiten Langwellenkreis schließt sich die erste Röhre des Zwischenfrequenzverstärkers an. Dieser umfaßt vier Röhren in aperiodischer Schaltung. Die Kopplungskondensatoren können ohne großen Unterschied zwischen 500 und 2000 cm liegen, es genügen aber auch solche zu 250 cm. Im Anodenkreis der ersten drei Röhren liegt je eine kleine Drosselspule D_1 bis D_3, bestehend aus ein bis zwei Telephonspulen von je 2 oder 4000 Ohm Widerstand und mit einem Bündel ausgeglühter dünner Eisendrähte gefüllt. Etwas günstiger verhalten sich se bstgewickelte größere Drosselspulen mit geschlossenem Eisenkern. Als Ersatz für die Drosseln eignen sich Silitstäbchen von etwa 100 000 Ohm. Weitaus besser als diese sind die bekannten hochohmigen Widerstände von Loewe, die konstantere elektrische Verhältnisse besitzen und das häufige Rauschen der Silitstäbchen nicht kennen. Als Gitterableitungswiderstände sind Größen zwischen 500 000 und 2 000 000 Ohm auszuprobieren. Das Potentiometer P gestattet eine Änderung der Gittereinsatzspannung des gesamten Verstärkers und ist als Steuerorgan desselben sehr nützlich. Die letzte Röhre ist zugleich Audion und richtet die mittelfrequenten Schwebungen gleich, worauf sie hörbar werden. Im Anodenkreis liegt das Telephon, Lautsprecher oder weitere Niederfrequenzverstärkung, falls gewünscht. Der Telephonkondensator C_8 ist nicht nötig. Seine Anwesenheit beeinflußt jedoch die Klangfarbe der empfangenen Sprache, Musik usw. und kann oft nützlich sein. Der passende Wert, meist zwischen 5000 und 15 000 cm liegend, muß zuletzt ausprobiert werden. C_9 ist der stets vorteilhafte 2 Mf-Kondensator parallel zur Anodenbatterie. Er vermindert etwaige Pfeifneigungen und kann gewisse Störgeräusche eliminieren, soweit sie im Innern der Anodenbatterie zu suchen sind.

Die konstruktive Ausführung soll sich möglichst dem Schaltbild anschmiegen, es ist also ein längerer Kasten von Vorteil. In diesem Falle sind nennenswerte Schwierigkeiten nicht zu befürchten.

Als Rahmenantenne ist eine solche von .1 m Seitenlänge, mit 10 Windungen Klingeldrahtes bei 5 mm Windungsabstand genügend. Eine größere Freiantenne ist Luxus, da der Verstärkungsgrad der fertigen Einrichtung ganz enorm ist. Man wird wahrscheinlich schon mit eindrähtiger Zimmerantenne von 5 bis 10 m Länge alles erreichen können, was das Bastlerherz begehrt; für größere Störungsfreiheit ist aber die Rahmenantenne vorzuziehen.

Die Bedienung des Gerätes wird zweckmäßig folgendermaßen vorgenommen: Fernhörer T kommt zunächst an Stelle der Spule L_4 zu sitzen. Es muß dann normaler Einröhrenempfang zu erzielen sein. Am besten wähle man einen Telephoniesender, der mit gegebener Antenne nur sehr schwach zu hören ist. Es wird genügen, wenn derselbe nur mit maximaler Rückkopplung oder überhaupt nur seine Trägerwelle zu bekommen ist. Jedenfalls kann der Primärkreis so gut als möglich auf ihn abgestimmt werden, worauf man die Rückkopplung etwas loser macht und die Überlagererröhre einschaltet. Durch Drehen am Kondensator C_U wird leicht eine Stelle gefunden, an der empfangene Fernschwingung und erzeugte Hilfsschwingung hörbar interferieren. Man wird nun durch vorsichtiges Nachstimmen aller Teile die Lautstärke zu verbessern suchen und nimmt das Telephon alsdann in den letzten Anodenkreis, während an seine Stelle die Langwellenspule L_4 kommt. Arbeitet der gesamte Verstärker gut, so wird außer einem leichten Rauschen und Klingen beim Berühren der Röhren nichts weiter zu hören sein, allenfalls kann der vorher gehörte Schwebungston noch schwach wahrzunehmen sein. Alles, was jetzt noch zu tun übrig bleibt, besteht darin, den Überlagererkondensator langsam und vorsichtig (mittels Feintrieb) über das gehörte Tonspektrum hinauszudrehen, bis die richtige Schwingungsdifferenz den eingestellten Sender laut hörbar macht.

Die Endlautstärke ist wiederum durch sorgfältiges Nachregeln aller Teile bis zu einem Maximum zu verbessern. Es empfiehlt sich, zuerst mit geringerer als normaler Heizung zu arbeiten, da die oft übertrieben große Lautstärke die günstigste Einstellung erschwert. Ist dies geschehen, so wird man unschwer zu Antennendimensionen bis zu einem Meter herabgehen dürfen, und trotzdem noch sehr gute Resultate erhalten.

Wie bereits kurz erwähnt, liegen die besonderen Vorzüge des Superheterodyneempfanges in der Möglichkeit sehr kräftiger, einfach zu handhabender Hochfrequenzverstärkung, sowie in der gesteigerten Selektivität. Schon durch die Überlagerung wird an Intensität gewonnen, und wenn die Lautstärke an dieser Stelle auch noch unter der Hörbarkeitsgrenze liegt, die sofort einsetzende Hochfrequenzverstärkung hebt sie genügend hoch. Die nachträgliche Anwendung von Niederfrequenz- und Kraftverstärkung ist natürlich jederzeit möglich. Es wird jedoch abgeraten, auch diese mit einzubauen, auch sollen letztere getrennte Batterien erhalten.

Die Erhöhung der Selektivität kann am deutlichsten an folgendem, der Praxis entnommenen Beispiel studiert werden:

Ein Superhet sei auf die Empfangswelle $\lambda_E = 420$ m ($v = 715\,000$) (Abb. 51) genau abgestimmt und transponiere diese auf

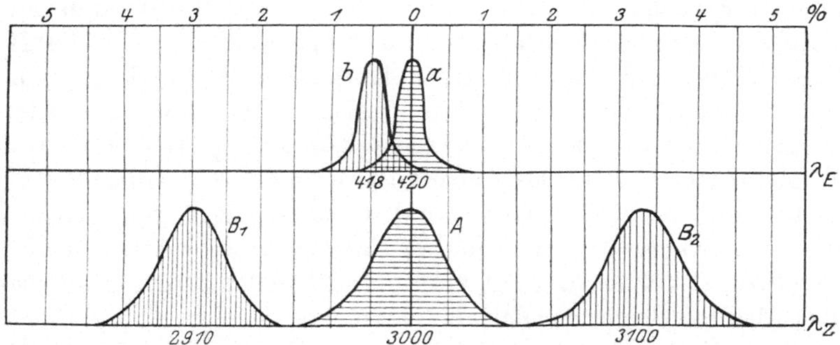

Abb. 51. Mögliche Selektivitätszunahme beim Transponierungsempfang.

Zwischenwelle A von $\lambda_Z = 3000$ m ($v = 100\,000$). Der Überlagerer muß dann um 100 000 verstimmt, also entweder auf 615 000 oder 815 000 Schwingungen, entsprechend Wellen ängen von 488 resp. 368 m, eingestellt werden. Eine Störwelle (b) auf 418 m ($v = 718\,000$)würde bei dieser Abstimmung primär zwar mit aufgenommen, mit den gleichen Überlagererschwingungen interferierend jedoch auf andere Zwischenwellen, nämlich auf 2910 bzw. 3100 m gehoben werden, je nach Überlagererstand. Der Unterschied zwischen Empfangs- und Störwelle beträgt nur 0,48 %, der in den beiden Zwischenwellen dagegen 3 bzw. $3^1/_3$ %!

Kurz ein noch deutlicheres Beispiel:

Empfangswelle: 505 m ($v = 594\,000$).

Zwischenfrequenzwelle: 10 000 m ($v = 30\,000$) bedingt dann Überlagererwelle: 481 resp. 532 m ($v = 624\,000$ resp. 564 000).

Dazu Störwelle: 515 m ($v = 582\,000$), welche mit gleichem Überlagererstand auf Zwischenwellen von 7150 resp. 16666 m gebracht wird. Also:

Störwellendifferenz: $505:515 = 1,98\,\%$.

Zwischenwellendifferenz: 7150 bzw. 16666:10000 = 28,5 bzw. 66,6 %!

Wenn es also nicht glückt, die Störwellen schon primär auszukoppeln, so wird dies durch die Transponierung beinahe von selbst, mindestens aber viel leichter geschehen können. Man kann unter Umständen für besondere Zwecke, wie für höchstselektiven Morseempfang die Selektivität auf ganz enorme Werte steigern, wodurch eine sonst niemals erreichbare Störungsfreiheit geschaffen wird. Aus diesem Grunde wird die Methode der Frequenztransformation auch bei den sehr langen Wellen der Großstationen mit Vorteil verwendet, wo man z. B. eine Empfangswelle von 16450 M (New York) nach vorhergehender Hochfrequenzverstärkung auf eine Zwischenwelle von 30000 m umformt. So schön dies alles klingt, dürfen wir aber nicht vergessen, daß für guten und unverfälschten Telephonieempfang eine solch hohe Selektivität von Übel ist! Schon bei verhältnismäßig geringer Abstimmschärfe, wie sie z. B. in normalen Empfängern bei starker Rückkopplung (kurz vor dem Schwingungseintritt!) vorliegt, muß die übermittelte Sprachmodulation leiden.

Deshalb rasch noch ein Wort hierüber: Es wurde eben erwähnt, daß die Abstimm- oder Resonanzschärfe für einwandfreien Telephonieempfang ein gewisses Maß nicht überschreiten darf! Es hängt dies damit zusammen, daß die Trägerwelle bei Besprechung nicht konstant, sondern als schwach variierend anzusehen ist. Der Empfänger muß diese Variation voll und ganz mitmachen können, anders ausgedrückt, die Resonanzkurve muß nahe am Scheitel eine horizontale Weite besitzen, die dem Umfange der Modulation gleichkommt, d. h. mindestens 10000 Schwingungen, eigentlich noch mehr, breit sein. Ist sie zu spitz (Abb. 52, Kurve a), so findet das Modulationsband keinen genügenden Platz, es wird beschnitten, die Sprache wird unverständlich. Kurve b zeigt schon bessere Verhältnisse: Die Abstimmung ist flach genug, daß die Variation auf ihrem Scheitel stattfinden kann. Nahezu ideal wäre die Kurve c, deren Spitze so weit abgeschliffen ist, daß alle Sprech- und Musikfrequenzen in gleicher Höhe, also gleicher Lautstärke liegen. Ohne kompliziertere Hilfsmittel ist diese Kurve jedoch nicht zu verwirklichen, sehr leicht aber die mittlere Kurve b. Diese bekommt man durch nur mäßige Rückkopplungen, Verwendung eisengefüllter Zwischenfrequenztransformatoren (besser gar keiner!) und Vermeidung jeglicher Pfeifneigung. Ein nur mit Mühe und Not schlecht verhaltenes Pfeifen oder auch unhörbares Eigenschwingen irgend-

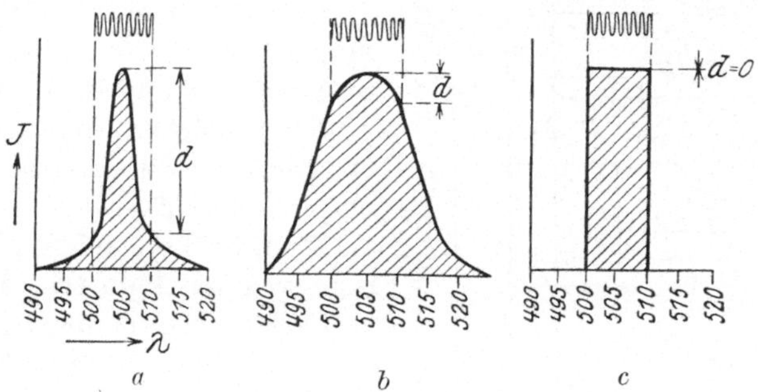

Abb. 52. Zur Frage der Abstimmschärfe.

welcher Teile ist stets verformungsverdächtig! Dies gilt sowohl für den Hoch-, Zwischen- als auch Niederfrequenzteil.

Ein Langwellenüberlagerer wird bei allen Superheterodyneschaltungen erforderlich, wenn rein ungedämpfte Morsezeichen empfangen werden sollen. Auch für Telephonieempfang kann er dann nützlich sein, wenn man die Tragwellen hörbar machen will, die sonst nie zu hören sind. Von Vorteil wäre dies zum Aufsuchen schwacher Sender. Ein geeigneter Apparat hierfür ist in Abb. 53 gezeichnet, ebensogut können natürlich auch alle anderen

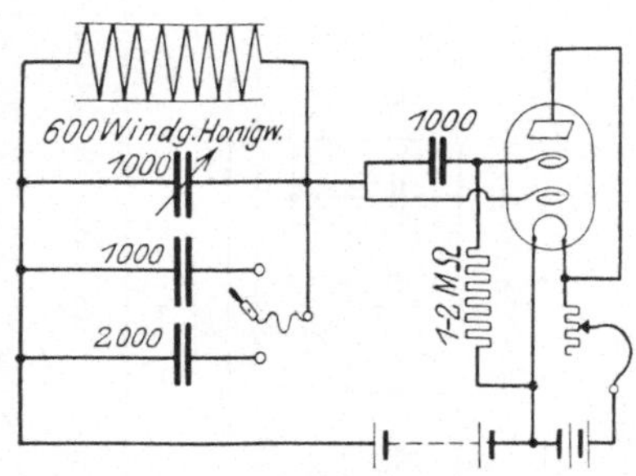

Abb. 53. Langwellenüberlagerer.

Schemata (siehe auch Abb. 36—38) verwendet werden, wenn Spule und Drehkondensator entsprechend groß gewählt wurden. Die Überlagererwelle ist wiederum etwas gegen die Zwischenwelle zu verstimmen, braucht aber nach einmaliger guter Einstellung nicht mehr verändert zu werden, solange die Zwischenfrequenz die gleiche bleibt. Die Verbindung des Langwellenüberlagerers mit dem Langwellenkreis ist sehr einfach: Meist genügt schon ein Anschluß an die gleichen Stromquellen, immer aber ein

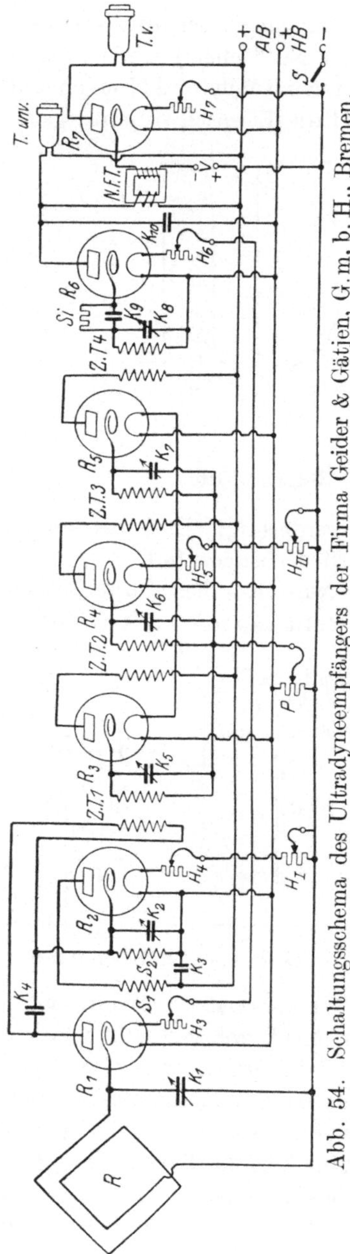

Abb. 54. Schaltungsschema des Ultradyneempfängers der Firma Geider & Gätjen, G.m.b.H., Bremen.

Nebeneinanderstellen. Beim Einbau in ein gemeinsames Gehäuse wird eine drehbare Kopplung notwendig sein. Der gezeichnete Überlagerer wird mit den eingeschriebenen Daten alle Wellen zwischen 3000, 8500, 12500 und 15000 m umfassen, also allen Ansprüchen des Zwischenfrequenzempfanges genügen.

Zum Schlusse seien noch einige von der Industrie herausgebrachte Transponierungsempfänger erwähnt. So zeigt die Abb. 54 das Schema und Abb. 55 die Abbildung eines von der Firma Geider & Gätjen G. m. b. H. Bremen erbauten 7-Röhren-Ultradyneempfängers. Die Rahmenantenne R mit Abstimmkondensator K_1 bildet den Primärkreis. An ihm liegt die erste Detektorröhre R_1, deren Anode von den im Überlagerer erzeugten Hilfsschwingungen direkt gespeist wird (Lacault!). Im Anodenkreis von R_1 liegt die Primärwicklung des Zwischenfrequenztransformators ZT 1, dessen sekundäre Seite in die Verstärkungsröhre R_3 mündet. Weiterhin folgen noch drei Stufen Zwischenfrequenzverstärkung, deren letzte die Gleichrichtung in der Audionschaltung übernimmt, ferner eine letzte Röhre für Niederfrequenzverstärkung R_7. Die Länge der Transponierungswelle beträgt hier etwa 6000 m eine sehr gute Größe, da zu kleine Zwischenwellen zu große Verstimmungen und Verstärkerschwierigkeiten, zu große dagegen die Gefahr der Verformung durch Interferenz mit hohen Tonfrequenzen mit sich bringen. Der Wellenbereich des Geräts liegt zwischen 200 und 3100 m und geschieht der Übergang ohne Spulenwechsel.

a

b

Abb. 55a u. b. Abbildung des Apparates der Abb. 54.

Auch ein 7-Röhren-Superheterodyneempfänger ähnlicher Form wird von der Firma gebaut.

Die Firma „Tefag" in Berlin-Steglitz liefert einen 9-Röhren-Super, bei welchem eine Hochfrequenzvorröhre, eine Detektor-, eine Schwingungs-, drei Zwischenfrequenz-, eine zweite Detektor-

und zwei Niederfrequenzröhren Verwendung finden. Dabei besteht eine Umschaltemöglichkeit für resp. 2, 3, 4, 7, 8 und 9 Röhren. Die Abmessungen des Apparates betragen 87·30·28 cm bei einem Gewicht von 19 kg.

V. Kurzwellensender.

In diesem Abschnitt sollen einige Schaltungsschemen und Abbildungen von Sendern gegeben werden, die für den Funkfreund von besonderem Interesse sind. Es würde den Rahmen des Büchleins natürlich weit überschreiten, auf alle Einzelheiten näher einzugehen. Ganz fehlen darf das Thema bei der fortschreitenden Entwicklung des Amateurwesens auch in Deutschland aber nicht, insbesondere, da schon verhältnismäßig einfache und sehr billige Kleinsender herzustellen sind. Es wird sich auch hier wieder empfehlen, mit kleinen Anordnungen zu beginnen und erst nach genügender Übung und Sicherheit in der Bedienung zu etwas größeren überzugehen. Vorbedingung zum Bau und Betrieb eines Privatsenders ist die behördliche Erlaubnis, die in absehbarer Zeit wohl zu billigen Bedingungen erteilt werden dürfte. Weiterhin setzt die Konstruktion eines Kurzwellensenders ziemliche Erfahrung mit dem Kurzwellenempfänger voraus, d. h. man soll den Bau nicht etwa bei der Morsetaste, sondern eben beim Empfänger beginnen. Sehr nützlich, besser ausgedrückt, unerläßlich ist die Kenntnis des Gebens und Empfangens der Morsezeichen. Ohne sie ist ja alles nur halb und reizlos. Von größter Bedeutung ist ein gut ausgeprägtes Verantwortlichkeitsgefühl neben straffer Disziplin. Heute verkehren bereits Dutzende von Großstationen im öffentlichen Interesse auf Wellenlängen zwischen 18 und 150 m mit ihren 5 und 10000 km entfernten Gegenstationen, und muß jede Störung dieser Linien peinlichst vermieden werden, wenn weitgehende Zugeständnisse von der Reichspostbehörde hinsichtlich Wellenbereich, Sendeenergie usw. erwartet werden sollen. Wie an früherer Stelle schon erwähnt, bietet der Bereich der Kurzwellen vorläufig genügend Raum für jedermann unter der einzigen Bedingung der strengen Ordnung! Es ist an sich selbstverständlich, daß jeder Sendende die eigene Wellenlänge möglichst genau kennt und konstant hält. Leider wird dieser wichtigen Forderung heute noch nicht in der wünschenswerten Weise Rechnung getragen!

Für größere Sender, wobei Hochspannung usw. zur Anwendung kommen müssen, ist hier kein Platz mehr vorhanden. Sie können von Privatpersonen doch kaum gebaut werden, liegen auch weit über deren durchschnittlichen Mitteln und kommen für Liebhaberzwecke nicht in Frage. Dagegen sind Kurzwellensender mit Leistungen bis zu etwa 100 Watt durchaus ohne allzu große Mühe zu bauen und die damit erzielbaren Resultate, wie Duplexverkehr zu Nachtzeiten mit Funkfreunden in Amerika usw. dürften wohl allen Ansprüchen des Bastlers vollauf genügen.

a) Der Rückkopplungsempfänger als Kleinsender.

Als einfachster und daher auch weniger vollkommener Sender ist der im nächsten Kapitel zu besprechende Summerwellenmesser anzusehen. Wenngleich es mit seiner Hilfe und der einer guten Hochantenne möglich ist, mehrere hundert Meter drahtlos zu überbrücken, so erlangt er doch praktisch keinerlei Bedeutung als Sender, ist aber für Versuchszwecke sehr wohl brauchbar.

Wesentlich günstiger liegen die Verhältnisse schon beim Rückkopplungsempfänger. Hier kann, beste Dimensionierung aller Teile voraussetzt, je nach Umständen eine Reichweite von einem, selbst mehreren Kilometern erzielt werden, die zeitweilig auf ein Vielfaches anzuschwellen imstande ist.

Bereits beim Empfänger war gezeigt worden, wie durch genügend feste Rückkopplung Eigenschwingungen erregt werden können, die vom Gitterkreis auf den Antennenkreis zurücklaufen, um von diesem ausgestrahlt zu werden. Das Ganze stellt einen kleinen ungedämpften Sender dar, dessen Anodenwattleistung durch die Anodenspannung und den Emissionsstrom der Röhre begrenzt ist. In den meisten Fällen liegt diese zwischen 1/50 und 1/5 Watt, ist also recht bescheiden. Die Schwingungen selbst sind auf dem gleichgestimmten Empfänger nur dann zu hören, wenn dieser auch schwingt, um eine Überlagerung auf Hörfrequenz zu ermöglichen. (Diese Überlagerung geschieht auch z. B. durch die Trägerwelle einer gleichwelligen Telephoniestation!) Um mit dem Empfänger Morsezeichen aussenden zu können, ist es nur nötig, eine der Stromzuleitungen (nicht des Heizstroms!) im Rhythmus der Zeichen zu unterbrechen, am besten mit Hilfe des Morseschlüssels. In Abb. 56 wäre z. B. das Empfangstelephon T gegen den Schlüssel S zu vertauschen. Für Wellenlängen unter 80 bis

100 m ist wiederum die Schaltung nach Abb. 57 vorzuziehen, deren kapazitive Rückkopplung das Schwingen erleichtert. Ein im Anodenkreis anzubringender Umschalter gestattet wechselseitigen Sende- und Empfangsbetrieb. Eine andere brauchbare Anordnung, die sich bereits einer speziellen Senderschaltung nähert, zeigt Abb. 58.

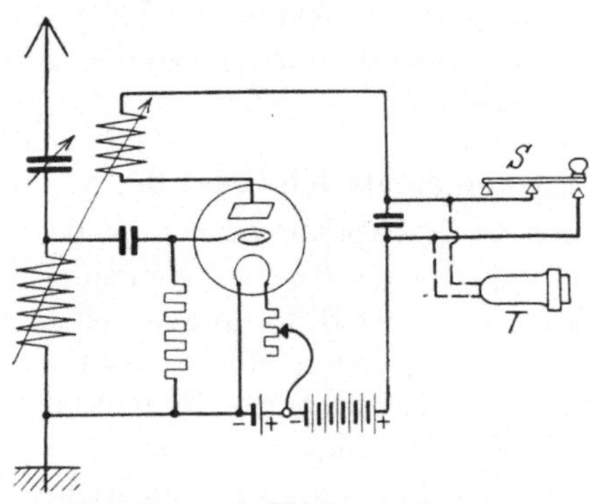

Abb. 56. Der Rückkopplungs-empfänger als Kleinsender.

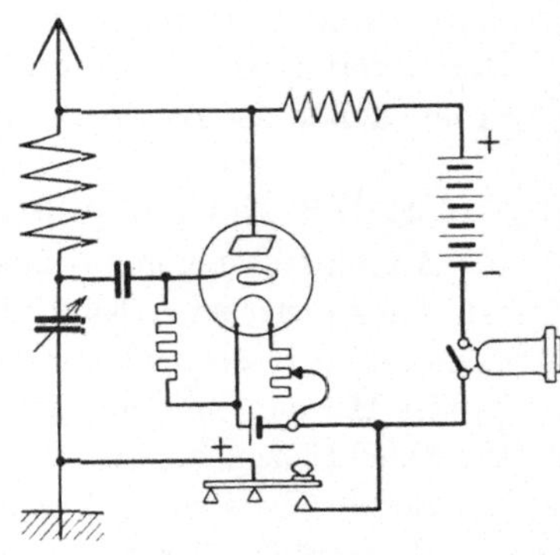

Abb. 58. Einfacher Sender mit normaler Überlagererröhre.

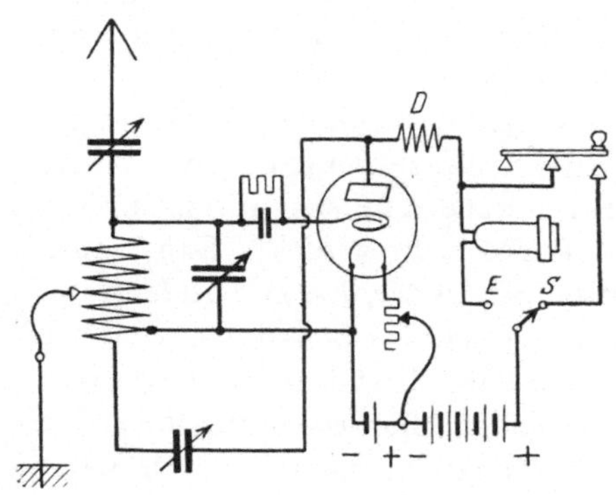

Abb. 57. Der Reinartz-Empfänger als Kleinsender.

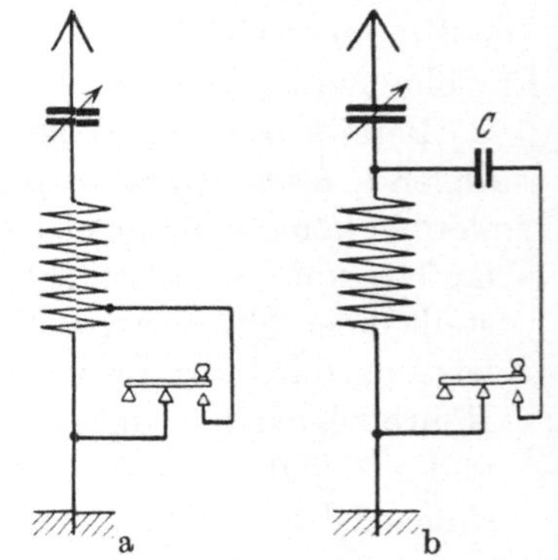

Abb. 59a u. b. Tasten mit „Verstimmung".

b) Amateursenderschaltungen.

Die Morsetaste selbst kann, wie erwähnt, in die verschiedensten Teile, wie Gitter-, Anoden- oder auch Antennenkreis geschaltet werden. Bei letzterer ist unschwer eine Schaltung nach Abb. 59 zu verwirklichen, die das sog. „Verstimmungstasten" gestattet. Dieses wird bei den großen Bogenlampensendern häufig angewandt und bewirkt das Ausstrahlen zweier wenig voneinander differierender Wellen, die beim Interferenzempfang im Empfangsapparat zwei verschieden hohe Töne produzieren. Bei entsprechender Differenz ist ein Aufnehmen solcher Signale keineswegs erschwert, die Verstimmungswelle erleichtert eher das Auffinden und Erkennen des Senders und ist in den Zeichenpausen vorhanden. Dies ist besonders für Kurzwellen ein bestimmter Vorteil, während beim Bogenlampensender andere Gründe dazu führten. Die Verstimmung ist praktisch durch Kurzschließen eines geringen Teiles der Antennenspule mit Hilfe der Taste (Abb. 59 a) oder durch Parallellegen eines sehr kleinen Kondensators zu bekommen (Abb. 59 b). Die genauen Größen sind unschwer durch Versuche zu ermitteln. Ein derartiger mit Verstimmung (Doppelton) arbeitender Kurzwellensender arbeitet zur Zeit in Montegrande (Argentinien) LPZ, Welle 36 m.

Auch Telephonie ist mit solchen Kleinsendern nicht unmöglich, freilich sinkt die Reichweite auf $^1/_2$ bis $^1/_4$ der Telegraphiereichweite. Es eignet sich hierzu jedes normale, gutempfindliche Mikrophon, welches auf verschiedene Weise einzuschalten ist. In Abb. 60a liegt es z. B. im Antennenkreis und bewirkt eine direkte Modulierung der Antennenschwingungen im Rhythmus der Sprache. Diese Methode ist mit Rücksicht auf die geringe Antennenenergie völlig unbedenklich, jedoch wird sie den Antennenwiderstand wesentlich vergrößern. Eine Schaltung, die dies vermeiden soll, zeigt Abb. 60b, wo das Mikrophon in einen auf die Sendewelle abgestimmten Kreis LC aufgenommen ist, der mit der Antennenspule mehr oder weniger fest gekoppelt

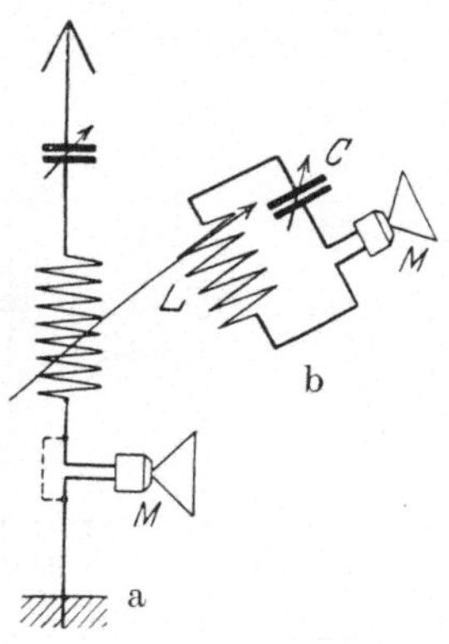

Abb. 60a u. b. Mikrophonschaltungen für kleine Energien.

wird. Je nach Kopplungsgrad findet eine größere oder geringere Durchsteuerung des Antennenstroms statt. Ideal ist die Sache auch nicht, da der Kreis wiederum gewisse Verluste bringt, immerhin für Versuchszwecke sehr empfehlenswert. Eine früher auch für mittlere Sender gern gebrauchte Prinzipschaltung gibt Abb. 61

wieder. Es handelt sich um die bekannte Gitterbesprechung, die bei kleinen Sendern direkt über einen Transformator T, bei größeren Sendern über die Vor- resp. Modulatorröhren erfolgt.

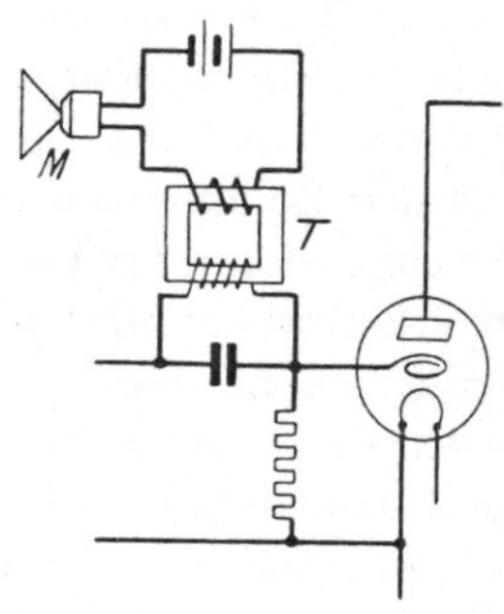

Abb. 61. Gitterbesprechungsmethode.

Die bescheidene Größe der Sendeleistung von gewöhnlichen Empfangsröhren kann durch Parallelschalten mehrerer Röhren gesteigert werden (siehe Abb. 62), ebenso wird die benützte Empfangröhre bei stärkerer Heizung und erhöhter Anodenspannung wesentlich mehr hergeben können, wobei sich natürlich ihre Lebensdauer verkürzen muß. Besonders für diesen Zweck eignen sich manche Endverstärkerröhren, die an und für sich für höhere Leistungen konstruiert sind und bei nur mäßiger Überlastung schon ganz nette Ergebnisse liefern können. Bei Anodenspannungen von 2 bis 300 Volt sind schon Antennenleistungen von 5 bis 10 Watt denkbar und wurden damit unter günstigen Umständen schon mehrere Tausend Kilometer überwunden!

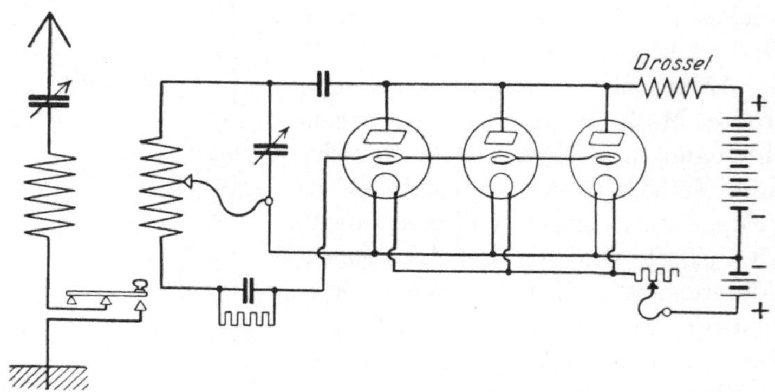

Abb. 62. Erhöhung der Sendeleistung durch Parallelschalten mehrerer Röhren.

Hiermit kommen wir zunächst an eine wunde Stelle: Eine Anodenspannung von 2 bis 300 Volt bei vielleicht 30 bis 40 Milliampere Stromentnahme kann den normalen Trockenbatterien nicht mehr gut zugemutet werden, da die Geschichte sonst ziemlich kostspielig wäre. Auch die in jedem Falle vorzuziehenden kleinen Akkumulatorenbatterien werden bei solchen Spannungen teuer in Anschaffung und Unterhaltung. Sie können bei guter Ladegelegenheit (z. B. 220 Voltnetz!) sehr empfohlen werden, wenn man die liebevolle Bedienung mit in Kauf nimmt. Eine andere recht brauchbare Lösung bietet das 220-Volt-Gleichstromnetz. Bei entsprechender Vorsicht (wegen der Erdung!) kann man die Anodenspannung ohne weiteres aus dem Lichtnetz entnehmen. Dabei wird es sich stets lohnen, in beide Zuleitungen Drosselspulen einzuschalten, nach Art der Abb. 63, doch so, daß die hoch-

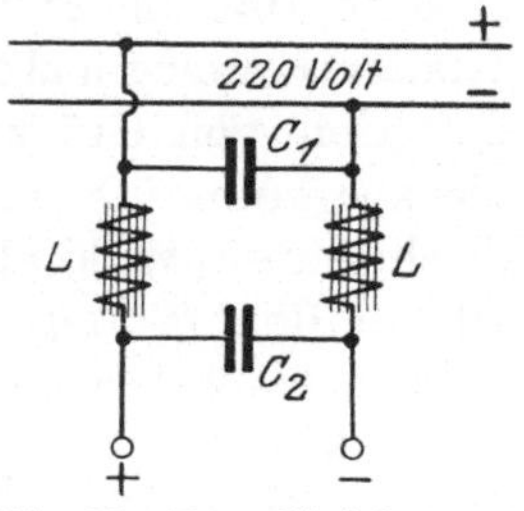

Abb. 63. Das Gleichstromnetz als Anodenbatterie.

frequenten Schwingungen nicht behindert werden, am besten durch den Überbrückungskondensator C_2. Für Telephoniesender sind Eisendrosseln vorzuziehen, weil diese zugleich die Netzgeräusche abhalten. Für sehr kurze Wellen sind außerdem eisenlose Hochfrequenzdrosseln, d. h. einlagige Zylinderspulen, wie beim Reinartz-Empfänger, notwendig.

Steht nur Wechselstrom zur Verfügung, so verliere man nicht unnötig viel Zeit und Geld mit Gleichrichteproblemen, da die Senderöhre ja selbst gleichrichtend wirkt, d. h. stets nur die eine Stromrichtung ausnützt, die der Anode plus gibt. Der generierte Schwingungszug wird allerdings kein ununterbrochener, sondern zerfällt vielmehr in ebensoviel Stücke als die Periodenzahl des Netzes beträgt (Abb. 64). Derartige Sender sind an ihrem Trillern beim Überlagerungsempfang resp. Brummen bei nichtschwingendem Empfang sofort zu erkennen. Wenn man die Wellenlänge der

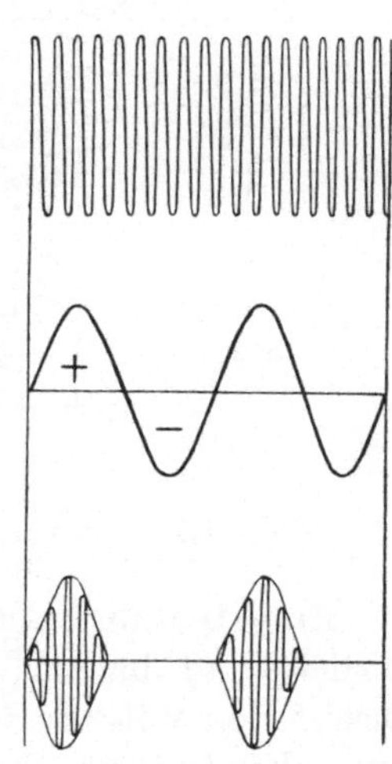

Abb. 64. Reiner Wechselstrom bedingt unterbrochenen Schwingungszug.

Amateure, also zwischen 20 und 100 m mit dem Empfangstelephon betritt, wird man feststellen können, daß die überwiegende Mehrzahl der Sender mit Wechselstrom arbeitet. Besser ist natürlich reiner Gleichstrom, aber der ist nur spärlich zu finden. Die gewünschte Wechselspannung von einigen hundert Volt kann direkt oder mittels Transformator gewonnen werden. Ein holländischer Amateur schaltet z. B. einige Klingeltransformatoren so in Serie, daß alle Primärwicklungen zusammen 220 Volt, die Sekundärspannungen aber 1000 Volt ergaben. Ein anderer benützte Batterien von Grätzschen Zellen zur Gleichrichtung der Anodenspannung. Die in der Praxis meist gebräuchlichen Vakuumgleichrichter (Wehnelt) kommen für den Funkfreund nur in Ausnahmefällen in Frage, da sie die sonst so einfache Einrichtung gleich beträchtlich komplizierter und teurer machen.

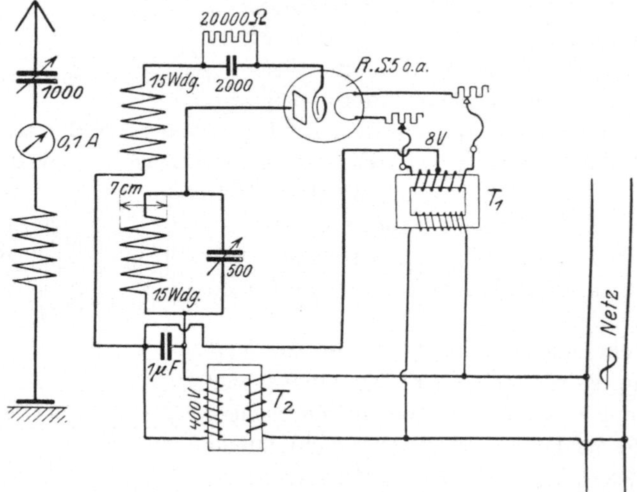

Abb. 65.   Amateursendeschaltung für 5 Watt Anodenleistung.

Eine bewährte Amateurschaltung mit 5 Watt Anodenleistung findet man in Abb. 65 angegeben. Ein kleiner Transformator liefert den nötigen Heizstrom von 8 Volt und 1,5 Amp. für eine gute Endröhre (Philips E oder „Metal‟), ein zweiter Transformator sorgt für die Anodenwechselspannung in Höhe von 3 bis 400 Volt eff. Der Parallelkondensator muß dabei Spannungen von 750 Volt aushalten können. Die günstigste Größe des Gitterwiderstandes muß empirisch ermittelt werden. Der Gitterkreis muß bei allen Schaltungen für Wechselstromheizung an den elektrischen Mittelpunkt der Kathode führen, wenn Komplikationen vermieden werden sollen. Dies wird im vorliegenden Fall durch eine Mittenabzapfung der Sekundärwicklung des Heiztransformators erreicht. Da nur ein Heizwiderstand die elektrische Symmetrie wieder umwerfen müßte, werden zwei Stück verwendet, die stets gleichweit eingedreht werden. Im Antennenkreis liegt u. a. ein Hitzdrahtamperemeter für Stromstärken bis zu 0,1 Amp. Dieses

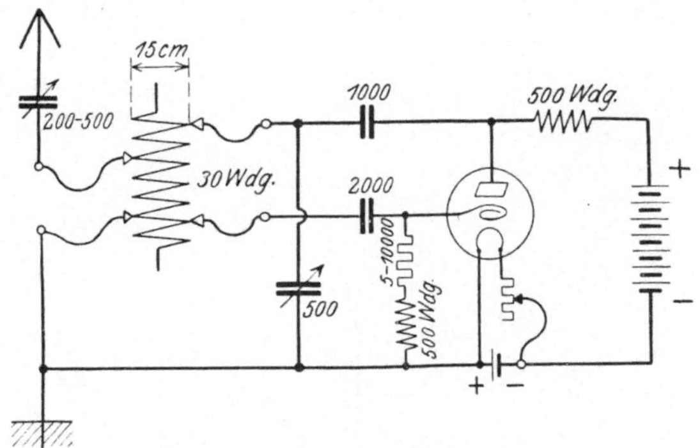

Abb. 66. Sender nach Hartley.

dient zur Kontrolle über die beste Antennenabstimmung und Ablesung des Antennenstroms. Die Antennenspule ist von der Antenne selbst abhängig und durch Versuche zu ermitteln. Die übrigen Daten können dem Schema entnommen werden.

In Abb. 66 ist die bekannte Hartley-Schaltung gezeichnet, die die Eigentümlichkeit besitzt, bei Wellenlängen unter 200 m besser und sicherer zu arbeiten als bei längeren. Sie wird sehr häufig von Amateuren angewandt und ist einfach zu bedienen.

c) Kurzwellensender der Industrie.

Ein Kurzwellensender für Versuchszwecke wird von der Firma Dr. Erich F. Huth-Berlin hergestellt und ist in den Abb. 67 und 68 wiedergegeben. Der Wellenbereich umfaßt die Werte 15 bis 45 m. Er wird mit Hilfe des Drehkondensators und des betreffenden Teiles der Abstimmspule verändert, ein in diesem Kreis

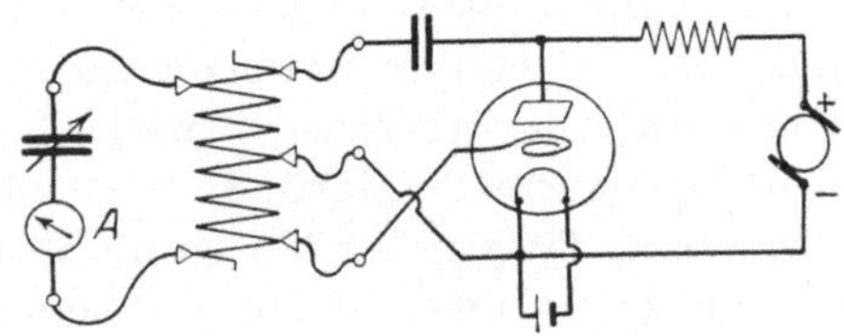

Abb. 67. Dreipunktschaltung der Firma Dr. E. F. Huth-Berlin.

liegendes Hitzdrahtamperemeter zeigt das Einsetzen der Schwingungen an. Das Schema ist eine der Firma geschützte Dreipunktschaltung mit variablen federnden Abgreifklammern. Als Drosselspulen in der Anodenspannungszuführung dienen wiederum kleine Honigwabenspulen (im Schema ist nur eine gezeichnet!). Die Schwingungsspule besteht aus versilbertem Kupferrohr und ist durch Glasfüße bestens isoliert. Der Anodenblockkondensator

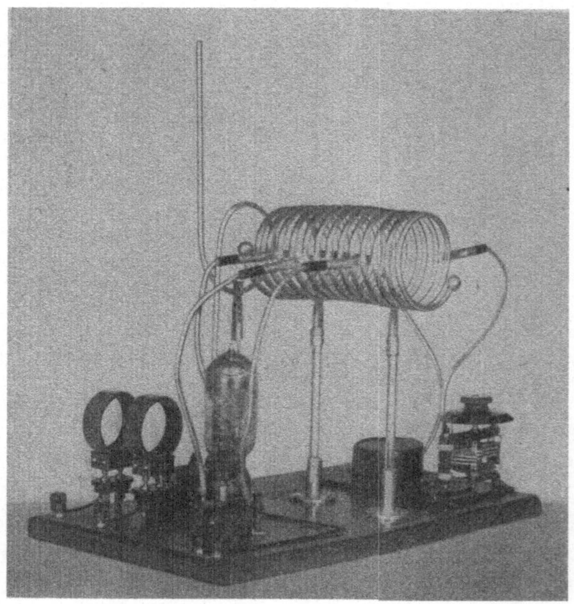

Abb. 68. Kurzwellensender der Firma Dr. E. F. Huth-Berlin.

hat eine Kapazität von 1000 cm. Die Antenne wird mittels einfacher Schleife induktiv gekoppelt. Eine bestimmte Antennengröße wird nicht vorgeschrieben, es kann vielmehr fast jede beliebige Antenne verwendet werden.

Als geeignete Senderöhre wird die Huthröhre LS 118, oder als kleinste Type die LS 119 empfohlen (Abb. 69 und 70). Diese ist eine Oxydkathodenröhre mit einer Heizenergie von etwa 1,2 Amp. bei nur 3,5 Volt Fadenspannung. Sie ergibt bei Anodenspannungen von 220 Volt eine Schwingungsleistung (Antenne!) von 3, und bei 350 Volt eine solche bis zu 10 Watt (bei längeren

Wellen!) Die Röhre arbeitet bei 220 Volt am besten ohne Gittervorspannung, bei höheren Spannungen jedoch mit Gitterspannung und wird letztere einfach durch Einschalten eines Silitstabes von 10 bis 30000 Ohm in den Gitterkreis hervorgerufen. Der Wirkungsgrad der Röhre beträgt in diesem Fall etwa 35%.

Eine andere Ausführung eines Kurzwellensenders der Baltic-Gesellschaft in Berlin-Charlottenburg zeigt Abb. 71. Der Sender eignet sich sowohl für Telegraphie als auch für Telephonie.

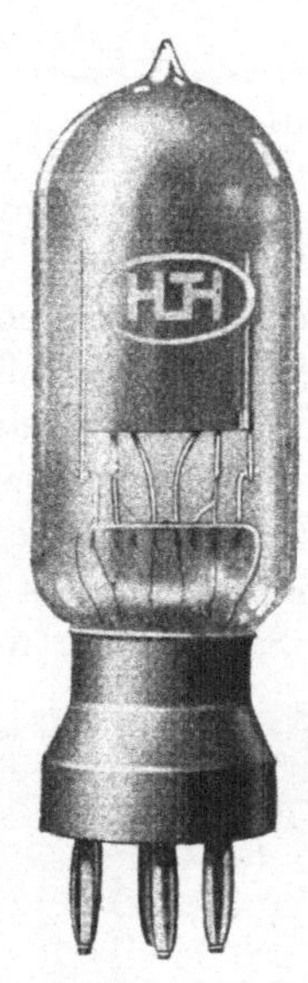

Abb. 69. Huth-Sende-röhre LS 119.

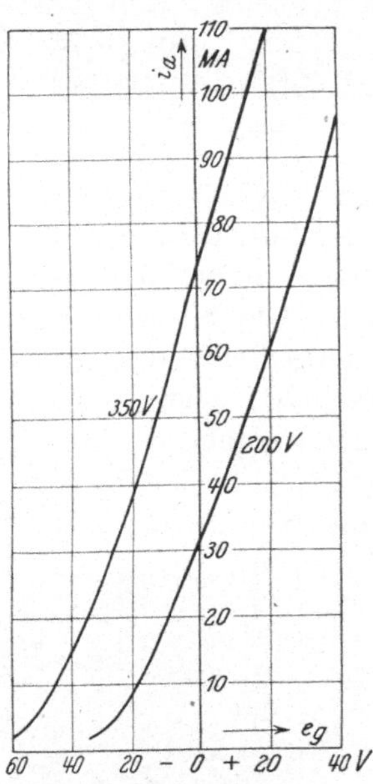

Abb. 70. Kennlinien der Huth-Senderöhre.

Alsdann muß an Stelle der Taste ein Mikrophon verwendet werden.

Die Abb. 72 zeigt einen von der Owin-Radioapparatefabrik G. m. b. H. in Hannover erbauten Kurzwellensender. Die Welle kann, je nach Antenne, zwischen 60 und 100 m eingestellt werden. Als Anodenspannung wird entweder eine „Varta“-Akkumulatorenbatterie oder ein Wehneltgleichrichter oder auch reiner Wechselstrom herangezogen. Als normale Senderöhre gilt die RS 5, die gewöhnlich 100 Milliamp. bei 500 Volt Anodenspannung, also 50 Watt hergeben muß, jedoch unter Umständen bis

Abb. 71. K. W. Sender der Baltic-Gesellschaft.

zu max. 150 Watt bei 1000 Volt überlastet werden kann. Die mittlere Antennenstromstärke beträgt 1,1 Amp., jedoch wurden auch mit nur 0,2 Amp. schon sehr schöne Entfernungen überbrückt. Die Spulen der Schwingungskreise sind aus Kupferrohr hergestellt, doch zeigte sich praktisch kein wesentlicher Unterschied, wenn sie aus massivem Kupfer gewickelt wurden. Die Bevorzugung des Rohres entsprang also mehr theoretischen Erwägungen und Billigkeitsgründen. Die Bearbeitung des Rohres ist eine sehr leichte, wenn es vorher mit Sand gefüllt wird.

Abb. 72. K. W. Sender der Owin-Radioapparate-Fabrik G. m. b. H., Hannover.

Die Antennenkopplung ist drehbar und mit Verlängerungs-
griffen ausgerüstet. Das Schaltschema mit alle Daten ist mit
Erlaubnis der Firma in Abb. 73 wiedergegeben.

Die Sende-Drehkondensatoren (Abb. 74) der gleichen
Firma besitzen eine min. und max. Kapazität von 20 und 350 cm
bei 1 mm Platten-
abstand und sind
mit 1000 Volt ge-
prüft. Ganz be-
sonderer Wert ist
auf saubere, wi-
derstandslose
Anschlußmöglich-
keit gelegt wor-
den, in richtiger
Erkenntnis der
Tatsache, daß der
Ohmsche Wider-
stand im Schwin-

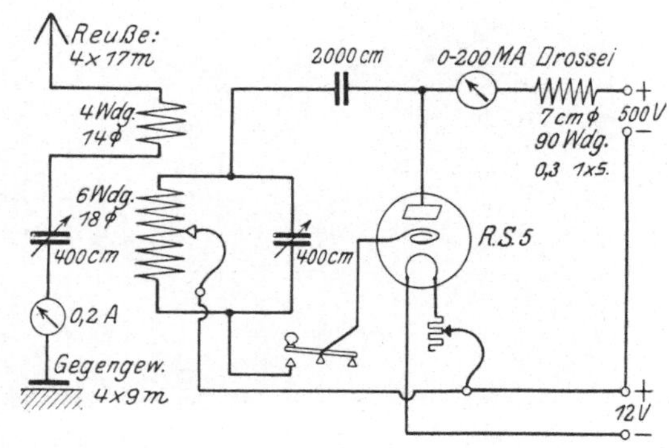

Abb. 73. Schema des Senders nach Abb. 72.

gungskreis sehr wesentlich ist. Die Sendekondensatoren sind
zum Preise von 16 Mk. per Stück auch einzeln beziehbar.

Abb. 75 veranschaulicht die gesamte Kurzwellenstation der
Firma mit Sender und Empfänger. Ansichten eines ähnlichen
Amateursenders
für Kurzwellen-
verkehr zeigen die
Abb. 76 und 77.
Letztere Abbil-
dung läßt einen
sehr systemati-
schen und zweck-
mäßigen Aufbau
erkennen, trotz
symmetrischer
Anordnung der

Abb. 74. Senderkondensator der Owin-Radioapparatefabrik G. m. b. H., Hannover.

meisten Elemente braucht die elektrische Güte nicht zu leiden. Auch
hier wurden Owin-Sendekondensatoren eingebaut. Die Antennen-
kopplungsspule ist drehbar und als Korbgeflechtspule gewickelt,
ähnlich den Empfangsspulen aus Abb. 23 und 24. Der untere Teil

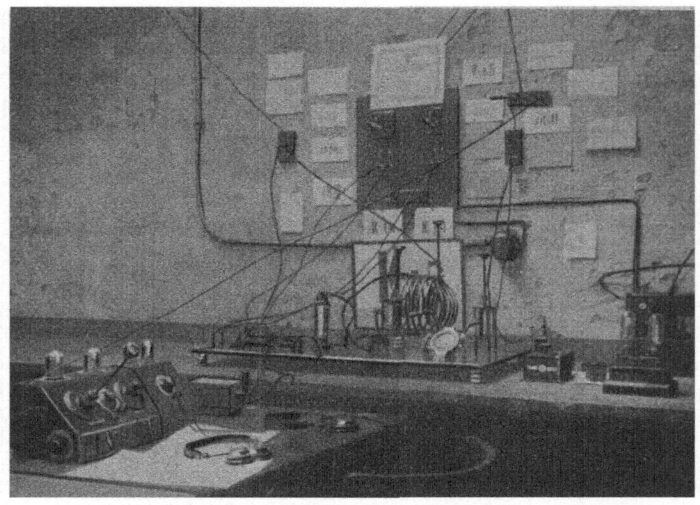

Abb. 75. Versuchsstation für Kurzwellen von Owin.

des Senders enthält die Meßinstrumente, Widerstand usw. für die mittels Wehneltgleichrichter gewonnene Anodenspannung. Die beiden Zylinder unten sind große Abflachkondensatoren hierzu.

d) Sender für ultrakurze Wellenlängen.

Reinartz-Sender. Für Wellen in der Gegend von 20 m entwickelte Reinartz die aus Abb. 78 ersichtliche Schaltung. Neu ist vor allem die merkwürdige Anordnung der Abstimmkondensatoren, die unter sich und mit der Gitterkathodenkapazität der Röhre in Serie liegen. Die richtigen Daten sind dem Schema zu entnehmen. Wellenlängen von 5 m können mit der Schaltung von Abb. 79 erzeugt werden. Sehr eigenartig ist die Reinartz-Zweimeter-Schaltung nach Abb. 80 (Radio News).

Abb. 76.　Ansicht eines deutschen
Amateursenders.

Symmetrieschaltungen. Besser geeignet sind die sog. Symmetrie oder Gegentaktschaltungen, die übrigens auch für andere Zwecke (Push-Pull-Verstärker, Gleichrichter usw.) immer mehr Anklang finden. Symmetriesendeschaltungen gestatten die Eliminierung gewisser Zuleitungskapazitäten und arbeiten gerade wegen ihrer doppeltwirkenden Funktion sicherer als die übrigen Schaltungen (Abb. 81).

Der bekannte französische Forscher Réné Mesny war es besonders, dessen zahlreiche Versuche auf dem Gebiete der ultrakurzen Wellen weitgehendes Interesse fanden und überall eifrigste Nachahmung erfuhren. Er benützte u. a. die nach ihm benannte Mesny-Schaltung (Abb. 82) und erzeugte mit ihr Wellenlängen von $1^1/_2$ bis 2 m Länge. Diese selbst hängt bei dieser Schaltung in der Hauptsache vom Durchmesser der Drahtschleifen und den entsprechenden Kapazitäten ab. Für 2 m Wellenlänge genügt ein Durchmesser der Anodenselbstinduktion von etwa 8 cm. Zu beachten ist die Notwendigkeit der negativen Kopplung

Abb. 77. Ansicht eines deutschen Amateursenders.

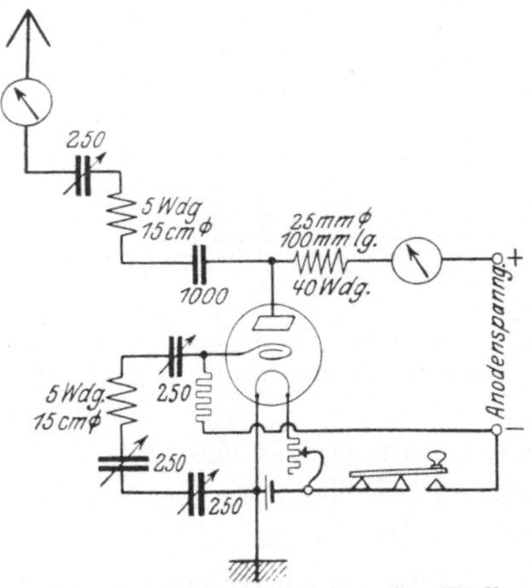

Abb. 78. Reinartz-Sender für Wellen um 20 m.

(wie übrigens wo anders auch!) zwischen Anoden- und Gitterschleife, die eben durch Vertauschen der Enden des Anodenkreises erhalten wird. Die Sendeantenne kann hier nur noch von kleinen

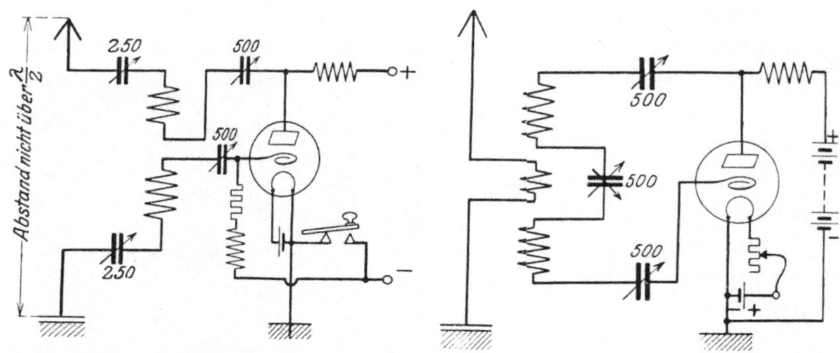

Abb. 79. Reinartz-Sender für Wellen um 5 m.

Abb. 80. Reinartz-Sender für Wellen in der Gegend von 2 m.

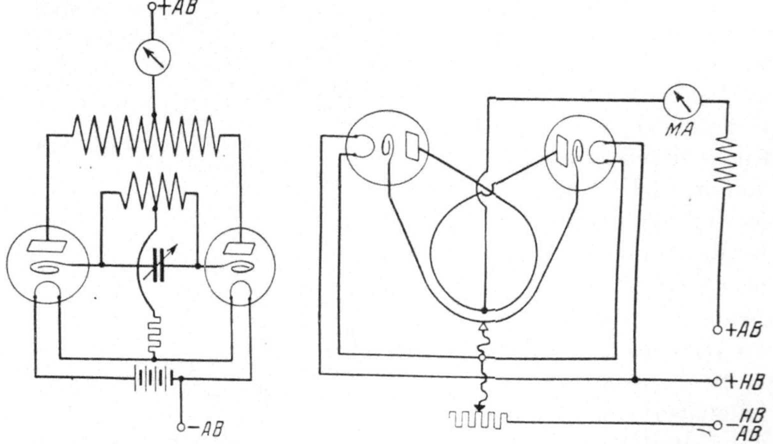

Abb. 81. Die Symmetrie- oder Gegentaktschaltung.

Abb. 82. Die Mesny-Schaltung.

Abmessungen sein und besteht aus zwei vertikal aufgehängten, in einer Linie liegenden Kupferdrähten oder -rohren, in deren Mitte ein niedrigohmiges Hitzdrahtinstrument liegt. Der untere Teil des Systems bildet das Gegengewicht. Die Übertragung der Sende-energie auf den Antennenkreis erfolgt durch einfache Annäherung der Anodenselbstinduktion an die Mitte desselben. Die Antennen-abstimmung geschieht mit ihrer mechanischen Verlängerung bzw. Verkürzung, die beste Resonanz zeigt das Milliamperemeter durch den größten Ausschlag an. Ein besonderer Vorteil des Schemas ist sein leichtes Generieren, so daß z. B. schon mit gewöhnlichen Audionröhren bei normalen Anodenspannungen experimentiert werden kann. Für die im nächsten Kapitel erwähnten Ultrakurzwellenversuche mittels stehender Wellen ist es ratsam, die Leistung etwas zu vergrößern, und zwar

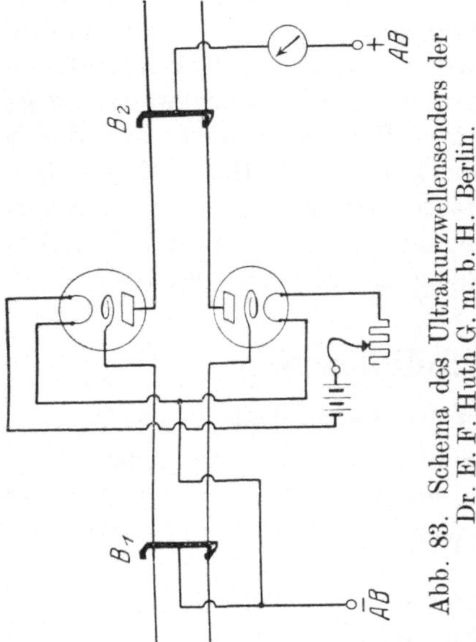

Abb. 83. Schema des Ultrakurzwellensenders der Dr. E. F. Huth G. m. b. H. Berlin.

am besten durch Gebrauchmachung von guten Endverstärkerröhren bei 100 bis 200 Volt Anodenspannung. Die Abdrosselung des Anodenkreises ist theoretisch nicht nötig, da die Symmetrie der Schaltung auch hierfür sorgt, in jedem Falle aber anzuraten, da zwischen Theorie und Praxis oft ein gewisser Unterschied zu konstatieren ist.

Eine andere interessante Gegentaktschaltung liegt dem Ultra-

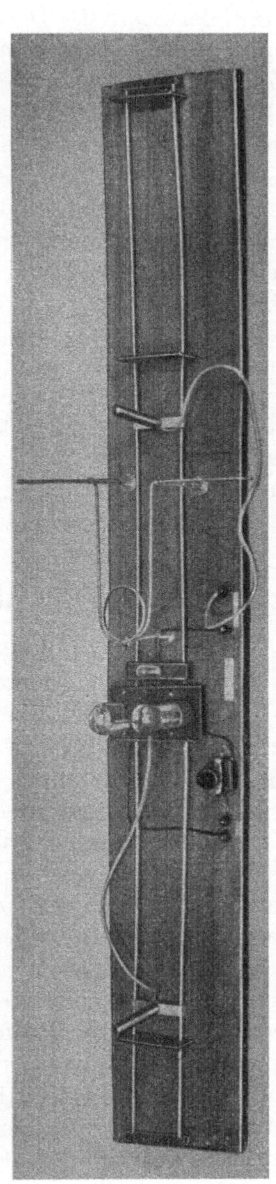

Abb. 84. Ansicht des Ultrakurzwellensenders der Dr. E. F. Huth G. m. b. H. Berlin.

kurzwellensender der Dr. Erich F. Huth G. m. b. H. Berlin, zugrunde. Das Schaltschema zeigt Abb. 83, während eine Photographie des fertigen Gerätes in Abb. 84 wiedergegeben ist. Die Anordnung läßt sowohl Abstimmkondensatoren wie auch Schwingungsspulen überhaupt vermissen und gleicht eher allem andern als einem Sender für drahtlose Telegraphie. Die Eigenart der sehr kurzen Wellen erfordert dies. Die Wellenlänge wird durch Verschieben der beiden Verbindungsbrücken B_1 und B_2 auf den Paralleldrähten geändert und erstreckt sich zwischen 4 und 8 m. Die Schwingungen setzen ein, sobald Gitter- und Anodenkreis miteinander gleiche Abstimmung haben, der Schwingungszustand wird durch Aufleuchten einer Heliumröhre (Glimmlampe) angezeigt, die zwischen beiden Anoden liegt. Die Antenne wird lose induktiv mit dem Anodenkreis gekoppelt, indem sie eine Schleife über diesem bildet oder auch einfach vorbeiläuft. Als Senderöhren kommen beliebige Lampen in Frage. Besonders empfohlen werden die Röhren der Type LS 119 (siehe auch Abb. 69 und 70).

VI. Kurzwellenmesser.

a) Eine einfache Meßmethode.

Jeder festdimensionierte Schwingungskreis sowohl im Sender als auch im Empfänger kann unter Umständen unmittelbar zur Messung der Wellenlänge herangezogen werden, und zwar unter folgenden Bedingungen:

1. Der betreffende Kreis muß zuerst geeicht werden.

2. Seine Verwendung als Wellenmesser muß unter den gleichen Verhältnissen erfolgen wie seine Eichung. Das heißt alle etwaigen Kopplungen, Rückkopplungen, Röhren nebst Heizdaten müssen absolut konstant bleiben. Schon bei mittleren Wellenlängen wichtig, wird dieser Punkt mit kürzerwerdenden Wellen immer kritischer. So kann bei Wellen unter 60 m z. B. schon das Auswechseln einer Röhre Meßfehler von 10 und mehr Prozent mit sich bringen. Als eichbare Kreise kommen in Betracht: Primär-, Sekundär-, Tertiär-, Anodenabstimmkreise, fernerhin Überlagerer- und Sperrkreise. Bei Rahmenempfang kann z. B. der Rahmenabstimmkondensator direkt geeicht werden, wenn die Faktoren der Selbstinduktion stets die gleichen bleiben. Auch wird die Aufhängung des Rahmens nicht gleichgültig sein, an der Wand ergäbe sich eine

ganz andere Eichung als frei im Zimmer hängend. Bei den für Kurzwellen charakteristischen, sehr einfachen Schaltungen, bleibt im allgemeinen nicht mehr als der Gitterkreis zur Eichung übrig, wenn mit aperiodischer Antenne empfangen wird und die Kopplung unverändert bleibt. Die Spulen müssen zu diesem Zwecke festsitzen, jede, auch die geringste Lageveränderung würde Abweichungen in der Abstimmung ergeben. Das gleiche gilt auch für den Kondensator. Dieser darf kein Spiel in der Lagerung haben. Wird eine getrennte Feinregelplatte verwendet, so muß diese stets beim Ablesen auf Null stehen resp. dorthin gebracht werden. Streng zu beachten ist die Größe des Rückkopplungsgrades. Es ist ja nicht gleichgültig, wie groß dieser ist, sondern jede Änderung desselben bewirkt auch eine kleine Abstimmungsverschiebung, weshalb man am besten stets bei Eichungen „an der Grenze des Schwingungseintritts" bleibt.

Eichkurven des aus Abb. 25 bekannten Empfängers sind aus Abb. 85 zu entnehmen. Über die Geradlinigkeit dieser Linien ist bereits bei den Kondensatoren geredet worden. Sie ist nur als Annäherung, nicht als mathematische Notwendigkeit anzusehen, genügt aber praktischen Anforderungen vollkommen. Bei allen Eichkurven ist zu beachten, daß Anfang und Ende je ein kurzes Stückchen, etwa 5 bis 10 Kondensatorgrade ungenau werden müssen, weil sowohl die Eigenkapazität der Spulen u. a., als auch Nichtproportionalität der Kapazitätskurve besonders auf den ersten Graden stark mitspielen. Man wird diese Teile lieber ganz weglassen oder punktieren.

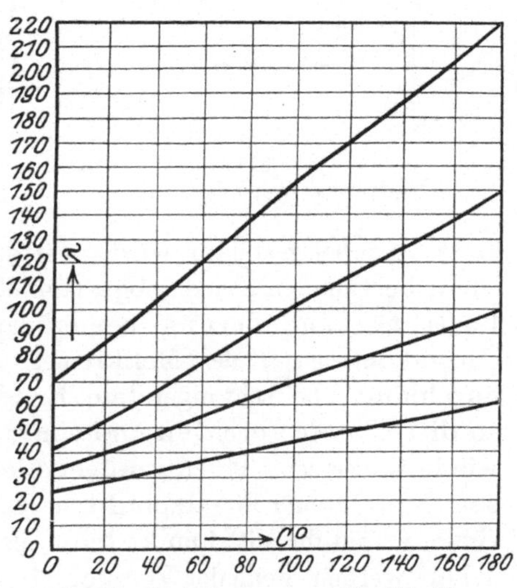

Abb. 85. Eichkurven zum K. W. Empfänger der Abb. 25.

Wenngleich der hier angedeutete Weg der Wellenmessung sehr häufig eingeschlagen wird, so kann ebensooft der Wunsch nach

einem getrennten, selbständigen Wellenmesser laut werden, der
von allen anderen Apparaten unabhängig ist und die oftmaligen
Umänderungen und Neubauten des Bastlers standhaft überlebt.

Ein solcher übrigens wirklich nützlicher Apparat besteht
immer aus einem Schwingungskreis LC, dessen beide Faktoren zusammen dem in Frage kommenden Wellenbereich entsprechen
müssen. Wie bei allen anderen Kurzwellenschaltungen gilt auch
hier das strenge Gesetz der verlustarmen Spulen und Kondensatoren, sowie alles weitere an früherer Stelle bereits fixierte.

Ohne weiteres kann nun z. B. der Schwingungskreis zur Emp-
fangswellenmessung dienen, wenn
er nach Abb. 86 mit dem Gitter-

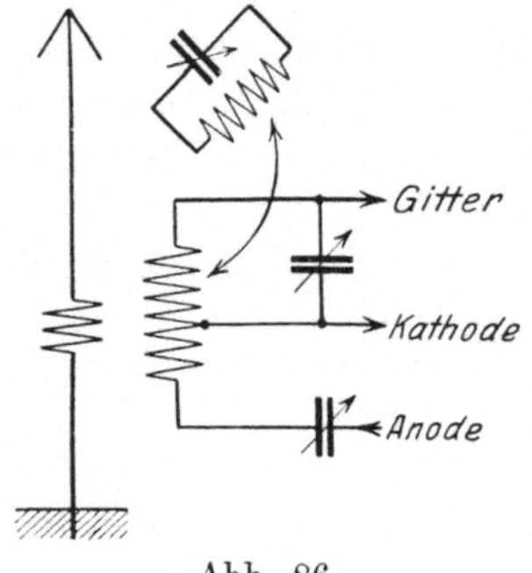

Abb. 86.
Absorptions-Wellenmessung.

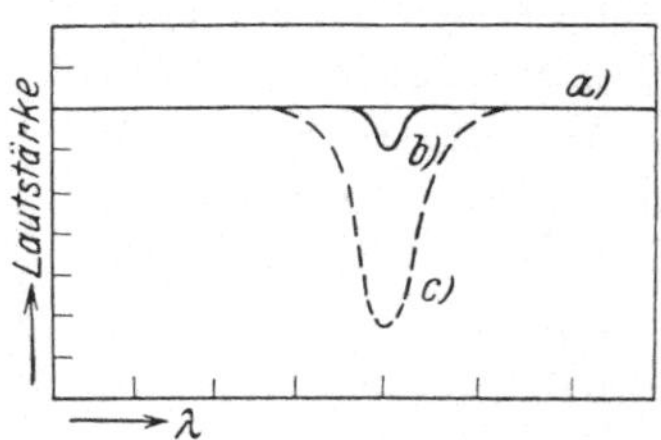

Abb. 87.
Umgekehrte Resonanzkurven.

kreis variabel gekoppelt wird. Ist dann der Empfänger gut auf
einen bestimmten Sender abgestimmt, so wird sich eine plötzliche
Lautstärkeminderung bemerkbar machen, sobald der Abstimmkondensator des Meßkreises die eingestellte Wellenlänge
durchläuft. Bei schwingendem Empfänger wird die Schwingung
an dieser Stelle abreißen und einige Teilstriche weiter von selbst
wieder einsetzen. Durch genügend lose Kopplung des Meßkreises
sind Abreiß- und Einsatzpunkt so nahe als möglich zusammenzu-
rücken, und ihr Mittelpunkt kann als richtige Abstimmung angesehen werden, wenn der Versuch einigemal in verschiedener Richtung durchgeführt, und das Mittel daraus berechnet wurde. Für
gedämpften Empfang (Telephonie usw.) erhält man eine Art um-
gekehrter Resonanzkurve (Abb. 87), wobei die Meßgenauigkeit
um so größer ausfällt, je loser die Kopplung wird (Kurve b), während sie bei fester Kopplung (Kurve c) geringer wird. Bei unendlich loser Kopplung findet natürlich keine Einwirkung statt

(Kurve *a*). Obwohl manches für diese Meßmethode spricht, ist ihr Anwendungsgebiet doch recht beschränkt und zieht man meist den sendenden Wellenmesser vor.

b) Der Summerwellenmesser.

Er ist fast ebenso alt wie die Geschichte der abgestimmten drahtlosen Telegraphie selbst. Trotzdem kann er, in ein modernes Gewand gesteckt, wieder seinen Dienst verrichten. Ein Summerwellenmesser besteht aus dem Schwingungskreis LC (siehe Abb. 88), an den ein kleiner Unterbrecher (Summer) mit Trockenbatterie angeschlossen ist. Bei jedesmaligem Stromschluß wird der Abstimmkondensator aufgeladen, um sich nach erfolgter Unterbrechung über die Selbstinduktion L in oszillierender Weise zu entladen. Die Entladungsfrequenz ist gleich der momentanen Eigenschwingung des Kreises LC. Für gute Abstimmung ist dessen Dämpfung möglichst gering zu halten. Auch muß ein Funken des Summers tunlichst vermieden werden, was durch nur sehr geringe

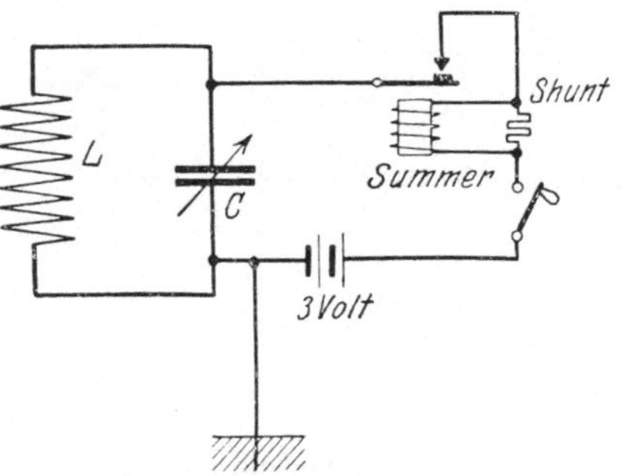

Abb. 88. Summerwellenmesser.

Betriebsspannung und Parallelschalten eines induktionsfreien Widerstandes zur Magnetspule (Bifilarshunt) erreicht wird. Ein Summer mit hohem konstanten. Ton ist besonders geeignet. Die erzeugten Schwingungen sind mehr oder weniger gedämpfter Art und ohne weiteres an der betreffenden Tonhöhe zu erkennen. Ein schalldichter Einbau des Summers ist sehr ratsam. Für Wellen unter 100 m wird sich eine Erdung des drehbaren Kondensatorteiles nötig machen, um den Einfluß der Handkapazität zu vernichten.

Zur Selbstherstellung eines brauchbaren Summerwellenmessers für Wellen von 30 bis 70 m kann das Schema der Abb. 89 im Verein mit den dort gegebenen Größen benützt werden. Der Mittenabgriff der Spule soll eine Verbesserung der Abstimmschärfe bewirken. Man kann die 10 Windungen auf einen Zylinder aus Karton winden, besser natürlich wieder freistehend ausführen.

Ein flache Abstimmkurve deutet mit einiger Sicherheit auf zu große Dämpfung hin und muß dann zuerst bei der Spule nachgefragt werden. Punkt E wird wiederum geerdet.

Ein Wellenmesser für **Sender** besteht außer dem Schwingungskreis LC (Abb. 90) aus einer Meßvorrichtung, z. B. einem Milliamperemeter (Galvanometer) G, das mit einem Kristalldetektor K und der Drosselspule D hintereinander geschaltet ist, und bei Resonanz einen maximalen Ausschlag ergibt. Der Detektor über-

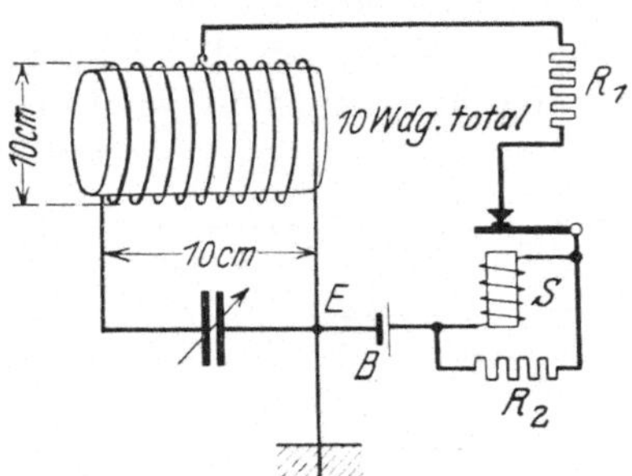

Abb. 89. Summerwellenmesser zum Selbstbau.

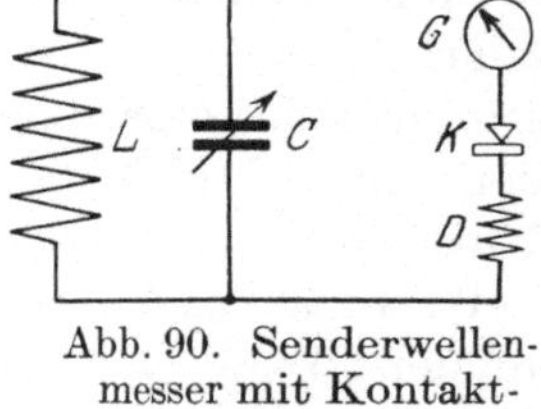

Abb. 90. Senderwellenmesser mit Kontaktdetektor.

nimmt die Gleichrichtung der Schwingungen. In ähnlicher Weise kann ein **Thermoelement** als Resonanzindikator dienen, welches ein zwar empfindlicheres Galvanometer voraussetzt, dafür aber sicherer arbeitet (Abb. 91). Bei

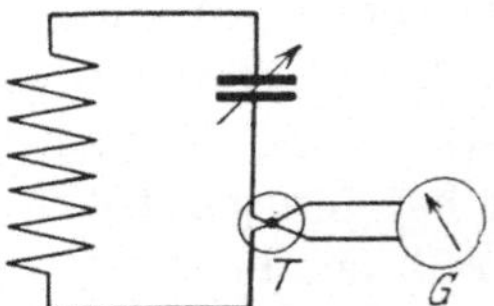

Abb. 91. Senderwellenmesser mit Thermo-Galvanometer.

höheren Sendeleistungen, wobei die Resonanzspannungen gewisse hohe Werte erreichen, können Glimmlampen verwendet werden, um Schwingungen anzuzeigen.

c) Der Überlagerungswellenmesser.

Der Summerwellenmesser ergab günstigsten Falles schwachgedämpfte Schwingungen, die Abstimmschärfe und mit ihr die Meßgenauigkeit konnten somit nicht weiter getrieben werden als es das gegebene Dämpfungsdekrement eben zuließ. Ein Instrument, welches völlig **ungedämpfte** Schwingungen erzeugte, versprach demnach eine ungleich **größere** Meßgenauigkeit.

Die Kathodenröhre sprang, wie so oft schon, auch hier helfend ein und ermöglichte den Bau des sog. Heterodyne- oder Überlage-

rungswellenmessers. Ein solcher ist nicht viel mehr als ein normaler Überlagerer (Abb. 92) oder sonst eine einfache Schaltung,
die durch geeignete Maßnahmen Eigenschwingungen produziert.
Als für kurze und sehr kurze Wellen hervorragend prädestiniert,
muß der Überlagerer nach Numans angesprochen werden. Mit
Erlaubnis des Erfinders seien nachstehend einige der von ihm unternommenen Versuche auszugsweise wiedergegeben:

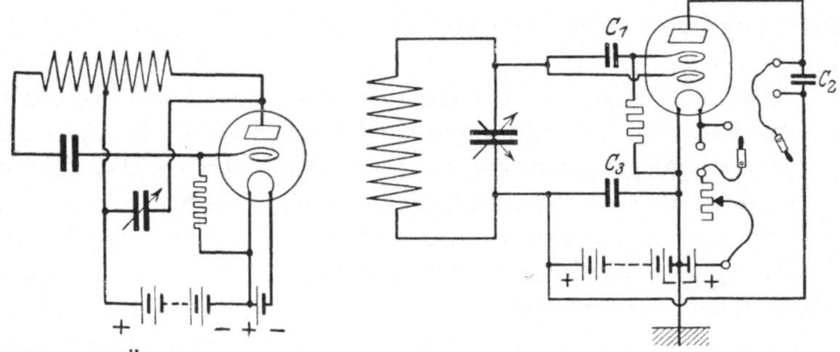

Abb. 92. Überlagerungswellenmesser.

Abb. 93. Kurzwellenmesser nach
J. J. Numans.

d) Kurzwellenmessung mit dem Numanschen Röhrengenerator[1]).

Das Bedürfnis nach einem Wellenmesser und zugleich Überlagerer für sehr kurze Wellen führte J. J. Numans dazu, einen sehr
interessanten Apparat zu konstruieren, der hohen Anforderungen
an Konstanz und Meßgenauigkeit genügte. Es wird dabei von der
merkwürdigen Doppelgitterschaltung Gebrauch gemacht, die ohne
äußere Rückkopplung Schwingungen erzeugt.

Das vollständige Schema des Apparates findet man in Abb. 93.
Das Auffallende ist zunächst das Fehlen jeglicher Rückkopplung
neben der seltsamen Schaltung der beiden Gitter der Röhre. Um
hier eine genügende Schwingneigung auch für Wellen weit unter
100 m zu bekommen, mußte die Anode der Röhre ebensoviel
Hochspannung erhalten, als wie das erste Gitter, während für mittlere Wellen ein Anodenpotential von 4 Volt (Heizspannung!) genügte. Durch diese Maßnahme ändert sich allerdings die Welle
und damit der Interferenzton einigermaßen, wenn Glühdraht- oder

---

[1]) „Radio Nieuws" 8,24. Den Haag (Kortegolfmeting met den Lampgenerator). Vgl. auch „Radio-Amateur" Jahrgang 1925, Heft 39—40.

Anodenspannung geändert werden. Diese Beträge sind jedoch nur verschwindend gering, in jedem Falle geringer als beim gewöhnlichen Empfänger (nämlich 0,05 %). Der Gitterableitungswiderstand ist viel weniger kritisch als bei längeren Wellen, ja er kann bisweilen überhaupt wegfallen. Eine Veränderung zwischen 0,5 und 5 Megohm gab auf kurzen Wellen nahezu keinen Unterschied in der Höhe des Interferenztones, dagegen wohl aber auf langen! Dies ist in Übereinstimmung mit der Tatsache, daß eine Gitterableitung auf kurzen Wellen weniger Verlust ergibt als auf langen.

Beim Einschalten des Telephons in den ersten Gitterkreis tritt die merkwürdige Erscheinung auf, daß dieser Kreis leichter in den Schwingungszustand gerät als der Anodenkreis. Um dies zu vermeiden, muß das Telephon im Anodenkreis bleiben.

Um auch auf den sehr kurzen Wellen noch eine ordentliche Abstimmung zu ermöglichen, ist für den Schwingungskreis ein Drehkondensator von nur 240 cm Maximumkapazität mit Zahnradfeinregulierung vorgesehen. Trotzdem ist eine ruhige Hand noch unbedingt erforderlich, um die schwierige Scharfeinstellung zu bedienen. Man bedenke, daß bei Wellen von 100 m eine Verstimmung von nur 3 cm schon den Ton 1000 bedingt, eine Kondensatordrehung um nur einen halben Skalenteil würde genügen, den Ton unhörbar hoch zu machen. Parallel zum Drehkondensator liegen zwei Steckbuchsen, welche zum Parallelschalten eines Blockkondensators dienen, um den Wellenbereich vergrößern zu können. Trotz der bedenklich hohen Wechselzahlen ist Handkapazitätseffekt selbst bei den kürzesten Wellen gänzlich abwesend, wenn nur dafür gesorgt ist, daß der drehbare Teil des Kondensators geerdet ist. Der kleine Kondensator C_3 verfolgt auch ausschließlich diesen Zweck und kann 2000 cm oder mehr haben. Um aber auch die anderen Seiten des Apparates gegen äußere Kapazitäten zu beschirmen, wird die Innenseite des Holzkastens mit starkem Stanniol ausgelegt und dieses seinerseits geerdet. Diese Maßnahme, die übrigens auch bei Rundfunkgeräten schon oft ergriffen wird, schien auch wirklich bestens zu befriedigen, jedoch das Unglück schreitet schnell und bei den allerkürzesten Wellen wird die ganze Erdungsfrage an sich zum Problem, denn selbst die geringfügige Selbstinduktion der Erdleitung wird bei derartigen Frequenzen zum großen Widerstand und bedingt einen Spannungsabfall zwischen

Erdklemme des Apparates und der „echten“ Erde. So ergab ein Berühren selbst der Erdklemme schon Tonänderung! Besser bewährte sich in diesem Falle eine näher herbeigeholte, künstliche „Erde“ in Form eines großen Bogens Stanniol, der mit der Erdklemme des Geräts verbunden unter der Tischplatte ausgespannt war. Als Schwingungserzeuger diente zuerst eine Doppelgitterröhre der Type R. E. 26 von Telefunken, jedoch tat es auch jede andere gute Doppelgitterröhre. Bei Gebrauch der Philips-Miniwattlampe konnte der Stromverbrauch sehr beträchtlich reduziert werden und betrug dann nicht viel mehr als der Bedarf für einen Summerwellenmesser.

Die Schwingneigung übertraf alle Erwartungen. Die Stärke war derart, daß selbst bei losester Kopplung mit einem Empfänger (mehrere Meter Abstand!) dessen Röhre total überschrien wurde. Mit dem Heizstrom oder der Anodenspannung jedoch ließ sich die Stärke leicht verringern.

Als Selbstinduktion wurde eine Spule mit 5 Windungen gewöhnlichen Klingelleitungsdrahtes und 7 cm Durchmesser genommen. Der damit erhaltene Wellenbereich lag zwischen 21,5 und 56 m (siehe die Eichkurve in Abb. 94). Eine gleiche Spule mit 2 Windungen

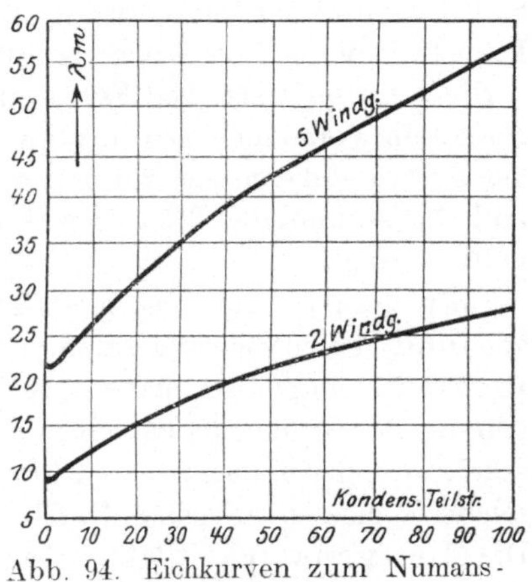

Abb. 94. Eichkurven zum Numanschen Wellenmesser.

Starkstromdraht arbeitete noch sicher über den ganzen Wellenbereich und ergab Wellenlängen zwischen 10 und 28 m. Mit etwas kleinerem Durchmesser konnte noch eine kleine Spanne tiefer gegangen werden. Eine einzige Windung tat es nicht mehr!

Vom Schwingungszustand kann man sich durch Einschalten eines empfindlichen Milliamperemeters in den Anodenkreis leicht überzeugen. Ebenso zeigt das sehr verschieden klingende „Ticken“ im Telephon beim Berühren des ungeerdeten Spulenendes deutlich an, ob der Kreis schwingt oder nicht.

Versuche über Interferenzempfang sollten weiterhin ergeben, inwieweit der Wellenmesser auch als normaler Überlagerer geeignet schien. Ein zur Verfügung stehender Empfänger ging bis 40 m nach unten, also mußte die 10-Meterwelle auf jeden Fall mit einer Harmonischen des Empfängers interferieren. Dies konnte auch tatsächlich leicht nachgewiesen werden, jedoch war die Einstellung sehr schwierig und nicht ganz konstant, der Interferenzton schaukelte stets, was ja schließlich nicht mehr zu verwundern ist, wenn man bedenkt, daß der Ton 1000 bei 10 m Wellenlänge eine Verstimmung von nur $^1/_3$ mm nötig hat. Wenn man nicht sehr vorsichtig ist, dreht man auch hoffnungslos über selbst die kräftigsten Interferenzspektren hinweg. Die Schwankungen des Tones scheinen ihre Ursache in der Röhre selbst zu haben. Erst bei längerem Brennenlassen der Röhre stabilisieren sich die Verhältnisse und der Ton beruhigt sich allmählich. Mikrophonische Effekte innerhalb der Röhre zeigten sich ebenfalls besonders hinderlich, da sie bei solchen Frequenzen stets mit gewaltigen oszillatorischen Verstimmungen infolge der variierenden Innenkapazität der Röhre einhergehen. Einbau der Röhre in weiche Wattepolster und Aufstellung des Tisches auf Gummischwämme half dagegen vollkommen.

Mit dem Apparat lassen sich weiterhin interessante Messungen und Versuche vornehmen. Man kann in erster Linie jeden Kurzwellenempfänger eichen, selbst wenn er für längere Wellen gebaut ist. Wenn man nur einige Anhaltspunkte hat, kann die Erscheinung der harmonischen Oberschwingungen weiterhelfen. Auf solche Weise entstanden z. B. die beiden Eichurven der Abb. 94. Die Meßgenauigkeit läßt beinahe nichts mehr zu wünschen übrig. Als empfangender Wellenmesser zur Eichung eines Senders kann ein Telephon in den Anodenkreis geschaltet werden (parallel zu C_2), welche Umänderung aber keinerlei Veränderung in der Abstimmung bewirkt!

Von ganz besonderer Wichtigkeit ist die Möglichkeit, die Eigenwelle einer normalen Empfangsspule zu messen, ebenso kann der Einfluß von Paraffin, Schellack usw., sowie die Wahl des Windungsabstandes in bezug auf Eigenwelle bestens zahlenmäßig ermittelt werden. Schließlich sind noch kleine Kapazitäten, wie sie in den Röhren selbst liegen, mit ziemlicher Genauigkeit zu messen, während die üblichen Kapazitätsmeßbrücken in dieser Gegend längst versagen.

Die Verwendung des Numanschen Überlagerers für die Zwecke des Superheterodyneempfanges ist seinerzeit bereits empfohlen worden.

e) Die Eichung von Wellenmeßgeräten.

Alle Resonanzwellenmesser müssen nach ihrer endgültigen Fertigstellung geeicht werden. Meist geschieht dies durch Vergleichen mit einem andern zuverlässigen Instrument gleichen Meßbereiches. Oft oder besser gewöhnlich steht ein solches nicht zur Verfügung und kann man dann folgenden Weg einschlagen:

Handelt es sich um die Eichung eines normalen Summerwellenmessers, so besteht die Möglichkeit, diesen auf dem Umwege über einen Kurzwellenempfänger mit Hilfe empfangener Sendestationen bekannter Wellenlängen zu eichen. Man hat zu diesem Zweck nur nötig, einige konstant arbeitende Sender so gut als möglich abzustimmen und ohne irgend etwas zu ändern, den Wellenmesser aus möglichst großer Entfernung so lange zu variieren, bis dessen Welle sich mit der Empfangswelle deckt. Die bekannte Welle des eingestellten Senders wird dann mit der Kondensatorablesung des Wellenmessers notiert. War der Meßkondensator glücklicherweise ein wellenlänge-linearer (Nierenplatten), so genügt die Feststellung zweier Punkte zwischen etwa 15 und 85 resp. 165 Grad der Skala, um die gerade Eichlinie zeichnen zu können. Bei gewöhnlichen Drehkondensatoren mit halbkreisförmigen Platten dagegen, wird die Eichkurve eine schwach parabelförmig gekrümmte Linie, zu deren Bestimmung möglichst viel Punkte erforderlich sind. Praktisch wird man mit etwa 6 Punkten eine annähernde, und mit 10 Punkten eine genaue Eichung verwirklichen können.

Bei der Eichung selbst können folgende Fehler bzw. Mängel auftreten:

a) Der Summerton wird im Empfangstelephon überhaupt nicht gehört. Wahrscheinlich ist dann der betreffende Wellenbereich nicht ausreichend.

b) Der Summerton ist über den ganzen Bereich gleich stark zu hören: Der Grund liegt in einer zu festen Kopplung zwischen Empfänger und Wellenmesser, ihr Abstand muß vergrößert werden.

c) Das Resonanzmaximum ist zu unscharf! Hierdurch wird eine genaue Ablesung unmöglich gemacht. Grund: Entweder zu feste Kopplung oder aber zu große Dämpfung im Meßkreis, wenn der Empfänger auf maximale Empfindlichkeit eingestellt war. Bei genauer Befolgung der für die Spule und den Kondensator aufgestellten Gesichtspunkte wird dieser Fall nicht eintreten. Der gleiche Fehler kann auch durch Funken des Unterbrechers verursacht werden. Es muß dies unter allen Umständen vermieden werden und ist deshalb die geringstmögliche Betriebsspannung

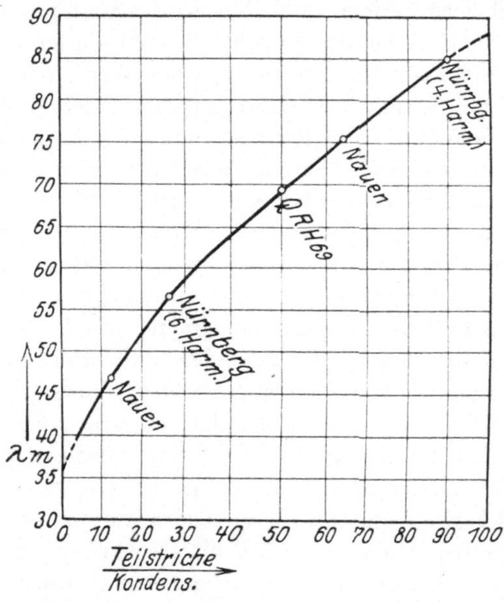

Abb. 95. Herstellung der Eichkurve aus zufälligen Daten.

zu wählen. Als Stromquelle darf niemals die Heiz- oder sonstige Stromquelle des Empfängers benützt werden.

Ganz wesentlich besser arbeitet der Interferenzwellenmesser. Hierbei muß der Empfänger zum Schwingen gebracht werden, worauf der sehr lose gekoppelte Wellenmesser vorsichtig so weit geändert wird, bis beider Wellenzüge im Telephon hörbar interferieren. Dieser Ton wird nach unten hin bis auf Null gebracht, worauf die Ablesung erfolgen kann. Eine Komplikation tritt hier in Form der harmonischen Schwingung.n ein, welch letztere ebenfalls mit der Empfängerschwingung interferieren und eine ganze Reihe von Pfeiftönen erzeugen. Bei genügend loser Kopplung, im Verein mit nur sehr mäßiger Röhrenheizung des Überlagerers ist es leicht möglich, nur die vielmals stärkere Grundwelle allein zu hören, so daß Zweifel ausgeschlossen sind.

Die harmonischen Oberschwingungen aber können selbst nützlich werden, wenn man z. B. auf kürzere Wellen kommen will. So wird ein schwingender Empfänger außer seiner kräftigen Grundwelle auch noch Schwingungsfrequenzen vom doppelten, dreifachen, vierfachen usw. bis n-fachen Betrag, also Wellenlängen von $^1/_2$, $^1/_3$, $^1/_4$ usw. bis $1/n$ besitzen, die eben wegen ihrer bekannten Größe von Nutzen sein können. Andere nichtharmonische Schwingungen sind allerdings auch anwesend, doch fallen dieselben gerade wegen ihrer Unharmonie später aus der fließenden Eichkurve von selbst heraus, können also kaum Fehler verursachen.

Als Beispiel, wie eine Eichkurve praktisch bekommen wird, diene die der Abb. 95. Sie wurde für eine Spule von 10 cm Durchmesser mit 7 Windungen Starkstromdrahtes (2,5 mm^2) isoliert, ohne Windungsabstand, und einen Drehkondensator bis 250 cm Kapazität aufgenommen. Als Anhaltspunkte wurden die auf der Kurve selbst vermerkten Werte, wie Nauen auf 47 und 76 m, ferner harmonische Oberschwingungen des Rundfunksenders Nürnberg, sowie ein unbekannter italienischer Kurzwellensender, der eben nach guter Einstellung seine Welle mit QRH 69 nannte, herangezogen. Mit diesen Punkten war bereits eine ziemliche Genauigkeit gesichert!

f) Messen von ultrakurzen Wellenlängen.

Mit den vorher beschriebenen Wellenmessern wäre es nur unter großen Schwierigkeiten möglich, kürzere Wellen als z. B. 10 m mit einiger Betriebssicherheit zu erfassen. Lediglich die eingangs erwähnte Methode des abgestimmten, energieverzehrenden Kopplungskreises käme noch in Frage. Nun könnte man leicht annehmen, daß für solch kurze Wellen ganz besonders komplizierte Anordnungen getroffen werden müssen, dies ist jedoch gar nicht der Fall! Sowohl beim Sender, wie auch beim Empfänger fiel eine fortschreitende Vereinfachung auf, die mit abnehmender Welle einherging So kam man auch für Wellenmessungen sehr kurzer Wellen auf eine ganz einfache, übrigens längst bekannte Methode, die Lecherschen Drähte, mit deren Hilfe die Wellenlänge mit dem Metermaß bestimmt wird.

Der Messung liegt folgende Idee zugrunde: Überträgt man

hochfrequente Schwingungen auf gutisolierte Leitungsdrähte, so bilden sich bei guter Abstimmung sog. stehende Wellen längs der Drähte, d. h. abwechselnd Spannungsknoten und Spannungsbäuche. Diese lassen sich mit Hilfe einfacher Indikationsinstrumente genau bestimmen und ihr gemessener Abstand gestattet die Berechnung der Wellenlänge. Die Messung selbst kann sich verschiedener Methoden bedienen, und zwar:

a) Man verschiebt eine leitende Brücke B (Abb. 96) mittels langen Bedienungsgriffen so weit auf den Drähten, bis der angekoppelte Sender ein plötzliches Zurückgehen des Anodenstromes erfährt. Dieses Abfallen muß nun durch eventuelle Verbesserung in der Kopplung usw. möglichst steil gemacht werden. Beim Wei-

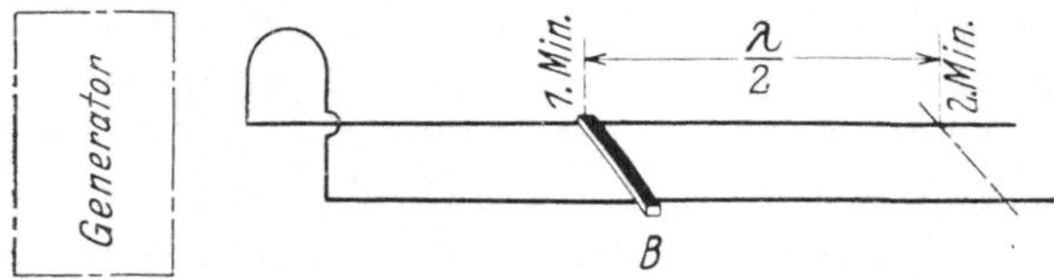

Abb. 96. Messung ultrakurzer Wellen.

terschieben der Brücke B wird der Anodenstrom sofort seinen ursprünglichen Wert wieder einnehmen, um dann eine ganze Strecke weit ziemlich konstant zu bleiben, bis an einer gewissen Stelle ein zweites Minimum erreicht wird. Der Abstand zweier benachbarter Minima ist gleich der halben Wellenlänge.

b) Eine ähnliche, jedoch etwas verbesserte Methode ist die folgende (Abb. 97): Es werden zwei horizontale, genau parallele und sehr gut isolierte Drähte von 5 bis 8 m Länge und 15 cm Abstand straff ausgespannt. Am Anfang liegt eine Kopplungsspule mit 1 bis 2 Windungen und je ein Drehkondensator (max. 150 cm). An eine beliebige Stelle zwischen beide Drähte hängt man eine Neonglimmlampe (Heliumrohr) N und stimmt nun das Gesamtsystem durch Verändern der Drehkondensatoren usw. so gut als möglich auf den angekoppelten Sender ab, bis die Glimmlampe ein maximales Aufleuchten zeigt. Sollte sie zufällig dunkel bleiben, so wird eine Ortsveränderung derselben helfen. Ist die Abstimmung geschehen, so werden beim Verschieben des Neonrohres längs der Drähte nacheinander Aufleuchten und Verlöschen abwechseln, je nachdem, ob ein Schwingungsbauch oder Schwingungsknoten passiert wurde. Läßt man das Rohr genau auf einem

Schwingungsbauch stehen, so hat ein Kurzschließen der beiden benachbarten Knoten-
punkte keinerlei Einfluß darauf, da spannungslose
Punkte ja keinen Stromverlust ergeben. Auf
diese Weise ist es nicht schwer, die beiden nächst-
liegenden Spannungsknoten auf Zentimeter
genau zu bestimmen und ihren Abstand zu
messen. Die gesuchte Wellenlänge ist wiederum gleich dem Doppelten dieses Betrages!

Die eben aufgeführten Experimente sind schon
mit sehr kleinen Sendeenergien auszuführen, z. B.
in Verbindung mit der Symmetrieschaltung nach
Abb. 82, wobei Endverstärkerröhren bei 120 Volt
Anodenspannung schon ausreichen werden. Die
Versuche sind außerordentlich interessant und
lohnend und bieten viel Anregendes. Je nach
vorhandenen Mitteln kann man stets wieder
neue Untersuchungen vornehmen.

g) Sonstige Meßinstrumente.

Zum Schluß des Kapitels sind vielleicht noch
einige Winke, betreffend andere Meßinstrumente,
von Nutzen, soweit sie für die behandelten Emp-
fangs-, Sende- oder Meßapparate empfehlenswert
bzw. nötig sind.

Es ist eine bekannte Tatsache, daß zunächst
fast alle Empfangs-, Verstärker- usw.-röhren für
eine solche Heizspannung gebaut sind, wie
sie praktisch niemals ohne weiteres vorhanden
ist. D. h.: Den normalen Akkumulatorspannun-
gen von 2,4 oder auch 6 Volt stehen Glühfaden-
spannungen von 1,25—2,3—2,8 bis 3,4 usw. Volt
gegenüber, eine Tatsache, der die Hauptschuld
an dem frühzeitigen Ende der Röhren bei-
gemessen werden muß. Nur verhältnismäßig
wenige Röhrentypen brennen mit Heizspannun-
gen von genau oder angenähert 2 oder 4 Volt
oder auch 3 Volt, wobei zwei Röhren in Serie
an 6 Volt zu schalten wären und entwickeln, da

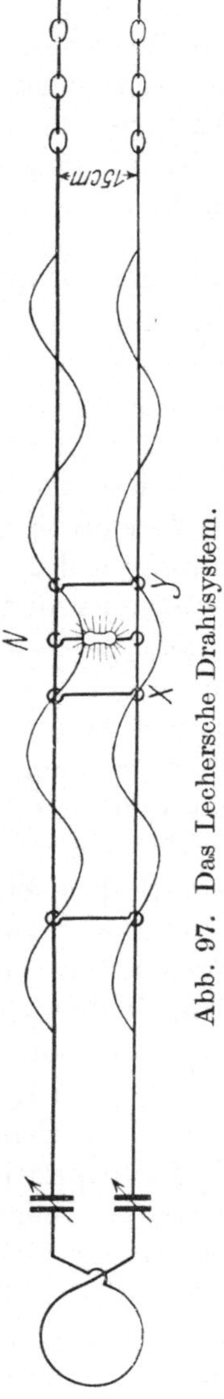

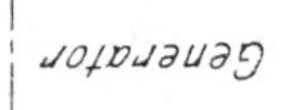

Abb. 97. Das Lechersche Drahtsystem.

sie nie überlastet werden, eine ganz erstaunliche, wenigstens für den Verbraucher sehr erfreuliche Lebensdauer. Bei allen anderen Röhren dagegen muß die notwendigerweise zu hoch gegriffene Batteriespannung erst durch Zwischenschalten des Heizwiderstandes auf die zulässige Größe reduziert werden. Und eben darin liegt die bewußte Gefahr! Es wird so oft empfohlen, nur „soviel Heizstrom zu geben, daß eine eben genügende Lautstärke erreicht" wird! Nach diesem bewährten Rezept wird der Glühdraht recht bald durchbrennen, wenn es sich nicht um besonders konstante Verhältnisse handelt, bei welchen zu erwartende Lautstärken bekannt und konstant bleiben. Auch das „Nurschwachrotglühen" ist ein recht dehnbarer Begriff und sagt eigentlich praktisch herzlich wenig in bezug auf Überlastung.

Der einzig gangbare Ausweg aus diesem Dilemma besteht natürlich in der Verwendung eines guten Meßinstrumentes. Ein Präzisionsvoltmeter wird die tatsächliche Heizspannung genau ersehen lassen, wenn es parallel zu den beiden Heizdrähten am Röhrensockel liegt. Zu beachten ist aber folgendes: Jedes Voltmeter besitzt einen Eigenverbrauch, der gleich dem Quotient aus der Heizspannung und seinem inneren Widerstand ist. Wird nun ein solches nach genauem Einregulieren der richtigen Heizspannung wieder abgeschaltet, so wird die Heizspannung steigen, weil der Vorschaltwiderstand bei der ursprünglichen größeren Belastung kleiner war als er es jetzt sein muß. Dieser Faktor darf z. B. bei Verwendung von Sparlampen niemals außer acht gelassen werden, da hierbei beträchtliche Überlastungen unvermeidlich sind! Als Voltmeter empfiehlt sich in jedem Falle die Verwendung eines Drehspulinstruments, dessen Eigenverbrauch klein ist gegenüber dem Heizstrom. Die zwar billigen, dafür aber ungenauen Weicheiseninstrumente (zu erkennen an der meist ungleichmäßigen Teilung der Skala) sind schon wegen ihres geringen Ohmschen Widerstandes ungeeignet. Ein besseres Präzisionsinstrument, möglichst mit 2 Meßbereichen zum Messen der Anodenbatterie, wird sich sicherlich in einiger Zeit durch Schonung der Röhren bezahlt machen!

Die gefährliche Klippe des Eigenverbrauchs umschifft man völlig sicher, indem man anstatt der Heizspannung den Heizstrom mißt. Hierzu ist ein Ampere- resp. Milliamperemeter erforderlich, welches in eine der Zuleitungen eingeschaltet wird. Der

Vorteil besteht darin, daß bei mehreren Röhren kein Umschalten auf jede einzelne erforderlich ist. Man würde z. B. zunächst die erste Röhre mit vielleicht 60 Milliamp. heizen, dann die zweite zuschalten, worauf das Instrument 120 Milliamp. anzeigen muß, usw. Auf diese Weise wird jede Röhre den vorgeschriebenen Heizstrom erhalten ohne Gefahr irgendwelcher Überlastung. Der Eigenverbrauch, in diesem Fall Spannungsverlust am Amperemeter, ist hierbei minimal und braucht gar nicht berücksichtigt zu werden. Auf diese Art wird sich wahrscheinlich ergeben, daß viele Röhren bereits unter dem angegebenen Heizstrom volle Leistung besitzen, was zur Erhöhung der Lebensdauer besonders der Sparlampen nicht unerheblich beiträgt.

Ist einmal ein gutes Milliamperemeter vorhanden, so läßt sich dieses gleichzeitig zur Messung des Anodenstroms verwenden, wenn es in die Pluszuleitung der Anodenbatterie (eventuell an Stelle des Telephons) geschaltet wird. Man gewinnt dadurch eine gewisse Kontrolle über das gute Arbeiten der Röhre. Mit dem Einsetzen von Eigenschwingungen wird der Ausschlag des Instruments kleiner, ebenso wird eine öfters überlastete oder schon sehr lange im Betrieb gewesene Sparlampe durch ihre geringere Emission auffallen. Bei Versuchen mit kleinen Sendern ist ein Milliamperemeter unerläßlich.

Besonders sei noch auf die Möglichkeit hingewiesen, mit Hilfe des Ampere- resp. Milliamp. remeters und einer konstanten bekannten Spannung (z. B. 4-Voltakkumulator) Widerstände aller Art zu messen, wobei der zu messende Widerstand R mit dem Amperemeter hintereinander an die Stromquelle angeschlossen wird. R ist dann stets gleich der Spannung E (Volt) dividiert durch die abgelesene Stromstärke I (Amp.) (Ohmsches Gesetz für Gleichstrom).

Ein Drehspulinstrument ist nur für Gleichstrom brauchbar. Für Wechselstrom (Schwingungen) wird ein Hitzdrahtinstrument notwendig. Hiermit kann z. B. die Antennenstromstärke sowie das Auftreten von Schwingungen in gekoppelten Kreisen, Wellenmessern usw. in einfacher Weise nachgewiesen und zahlenmäßig festgestellt werden. Solche Instrumente sind gegen Überlastung sehr empfindlich und werden schnell unbrauchbar, weshalb besondere Vorsicht geboten ist.

VII. Anhang.

Allgemeine Abkürzungen des internationalen Radioverkehrs.

a) Abkürzungen im Schiffsverkehr:

QRA	Welches ist der Name Ihrer Station?	Meine Station heißt ....!
QRB	Wie weit sind Sie entfernt?	Ich bin ...... Seemeilen entfernt!
QRC	Welches ist Ihre wahre Peilung?	Meine wahre Peilung ist .... Grad!
QRD	Wohin sind Sie bestimmt?	Ich bin nach ...... bestimmt!
QRF	Woher kommen Sie?	Ich komme von ......!
QRG	Welcher Gesellschaft oder Schifffahrtslinie gehören Sie an?	Ich gehöre ...... an!
QRH	Wie groß ist Ihre genaue Welle?	Meine genaue Wellenlänge ist ......!
QRJ	Wieviel Wörter haben Sie zu übermitteln?	Ich habe ...... Wörter zu übermitteln!
QRK	Wie ist Ihr Empfang?	Mein Empfang ist ......!
QRL	Falls Empfang dort schlecht, soll ich 20mal vvv geben, um Einstellung zu bessern?	Ja, bitte!
QRM	Werden Sie gestört?	Ich werde gestört!
QRN	Leiden Sie unter starken Luftstörungen?	Ich leide unter starken Luftstörungen!
QRO	Soll ich mit größerer Energie senden?	Senden Sie mit größerer Energie!
QRP	Soll ich mit geringerer Energie senden?	Senden Sie mit geringerer Energie!
QRQ	Soll ich schneller geben?	Geben Sie schneller!
QRS	Soll ich langsamer geben?	Geben Sie langsamer!
QRT	Soll ich mit der Übermittlung aufhören?	Hören Sie mit der Übermittlung auf!
QRU	Haben Sie etwas für mich?	Ich habe nichts für Sie!
QRV	Sind Sie bereit?	Ich bin bereit!
QRW	Sind Sie beschäftigt?	Bin beschäftigt, bitte nicht stören!
QRX	Soll ich warten?	Warten Sie bis ...... Uhr!
QRY	Wann bin ich an der Reihe?	Ihre Folgenummer ist ......!
QRZ	Sind meine Zeichen schwach?	Ihre Zeichen sind schwach!
QSA	Sind meine Zeichen stark?	Ihre Zeichen sind stark!
QSB	Ist mein Ton schlecht?	Ihr Ton ist schlecht!
QSC	Ist mein Morsen deutlich?	Ihr Morsen ist undeutlich!
QSD	Ich habe .... Uhr und Sie?	Meine Zeit ist: ......!
QSF	Sollen die Telegramme abwechselnd oder in Serien übermittelt werden?	Die Übermittlung soll abwechselnd erfolgen!
QSG		Die Übermittlung soll in Serien von 5 Telegrammen erfolgen!

QSH		Die Übermittlung soll in Serien von 10 Telegrammen erfolgen!
QSJ	Wie groß ist der Tarif für ..... ?	Der Tarif für ...... ist ......!
QSK	Ist das letzte Telegramm zurückgezogen?	Das letzte Telegramm ist zurückgezogen!
QSL	Haben Sie Quittung erhalten?	Bitte bestätigen Sie!
QSM	Welches ist Ihr wahrer Kurs?	Mein wahrer Kurs ist ...... Grad..!
QSN	Haben Sie Verbindung mit Land?	Ich habe keinerlei Verbindung mit Land!
QSO	Haben Sie Verbindung mit einer anderen Station?	Ich habe Verbindung mit ......!
QSP	Soll ich ...... benachrichtigen, daß Sie ihn rufen?	Melden Sie bitte ......, daß ich rufe!
QSQ	Werde ich von ...... gerufen?	Sie werden von ...... gerufen!
QSR	Werden Sie das Telegramm weiterleiten?	Ich werde das Telegramm weiterleiten!
QSS	Haben Sie Fadings?	Ich habe Fadings!
QSSS	Schaukelt meine Welle?	Ihre Welle schaukelt!
QST	Haben Sie einen allgemeinen Anruf erhalten?	„An alle" (bestimmt für jedermann)!
QSU	Bitte rufen Sie mich, wenn fertig?	Ich rufe Sie, wenn ich fertig bin!
QSV	Ist öffentlicher Verkehr im Gange?	Öffentlicher Verkehr ist im Gange, bitte abwarten!
QSW	Soll ich den Ton erhöhen?	Erhöhen Sie den Ton!
QSX	Soll ich den Ton vertiefen?	Vertiefen Sie den Ton!
QSY	Soll ich auf Welle ...... geben?	Senden Sie auf Welle ...... m!
QSZ	Soll ich jedes Wort zweimal geben?	Geben Sie jedes Wort zweimal!
QTA	Soll ich jedes Telegramm zweimal geben?	Geben Sie jedes Telegramm zweimal!
QTF	Welches ist meine geograph. Lage?	Ihre Lage ist ......⁰ Breite ......⁰ Länge!

b) Abkürzungen im Überseeverkehr:

ZHC	Wie sind Ihre Empfangsbedingungen?	**ZSH**	Starke Luftstörungen hier!
ZAN	Wir können absolut nichts empfangen!	**ZLS**	Wir leiden unter Gewitter!
		ZWC	Wispers und Clicks hier!
ZSU	Ihre Signale sind unlesbar!	**ZVP**	Senden Sie bitte V's!
ZWR	Ihre Signale schwach, aber doch lesbar!	**ZWO**	Senden Sie Worte einfach!
		ZWT	Senden Sie Worte zweimal!
ZMR	Ihre Signale mittelmäßig und lesbar!	**ZCO**	Senden Sie Code einfach!
		ZCT	Senden sie Code zweimal!
ZSR	Ihre Signale stark lesbar!	**ZPO**	Senden Sie Klartext einfach!
ZGS	Ihre Signale werden stärker!	**ZPT**	Senden Sie Klartext zweimal!
ZGW	Ihre Signale werden schwächer!	**ZTF**	Senden Sie zweimal, schnell!
		ZSF	Senden Sie schneller!
ZVS	Ihre Signale sind veränderlich!	**ZSS**	Senden Sie langsamer!

ZRO	Empfangen Sie bestens?		**ZSG**	Automatischen Betrieb einstellen und Schnellgeber nachsehen!
ZOK	Wir empfangen bestens!			
ZRC	Können Sie Code empfangen?			
ZNG	Empfangsbedingungen nicht gut für Code!		**ZSV**	Ihre Geschwindigkeit veränderlich!
ZNN	Alles durchgegeben vorläufig!		**ZSB**	Ihre Signale unrein!
ZHY	Wir besitzen Ihr(e) ......!		**ZDM**	Ihre Punkte fallen aus!
ZCS	Stellen Sie Ihr Senden ein!		**ZTV**	Senden Sie per Schnellgeber!
ZHA	Wie sind Ihre Bedingungen für automatischen Empfang!		**ZTH**	Senden Sie per Hand!
			ZHS	Geben Sie Schnelltempo mit ...... Worte per Minute!
ZUA	Unsere Bedingungen für automatischen Empfang ungeeignet!		**ZDD**	Senden Sie Striche oder Punkte, wenn ......!
ZTA	Senden Sie automatisch!		**ZLB**	Geben Sie bitte lange Zwischenrufe („breaks")
ZPP	Lochen Sie nur Klartext!			
ZPE	Lochen Sie alles!		**ZUB**	Wir konnten Sie nicht unterbrechen!
ZFA	Automatischer Betrieb gestört!		**ZNB**	Wir erhalten Ihre Zwischenrufe nicht, wir senden zweimal!
ZRA	Band läuft verkehrt!			
ZSA	Automatischen Betrieb einstellen!		**ZMQ**	Warten Sie ......!
			ZMO	Warten Sie einen Augenblick!
ZSW	Automatischen Betrieb einstellen, da Signale zu schwach!		**ZKQ**	Sagen Sie, wenn fertig zum Wiederbeginn!
			ZDU	Unser Duplex außer Betrieb!
ZSJ	Automatischen Betrieb einstellen, Störungen!		**ZFT**	Wie sind Ihre Bedingungen für Triplexverkehr?

c) Sonstige Abkürzungen der Praxis:

CQ	An Alle!		**AGN**	nochmals, wieder
RQ	Rückfrage.		**AM**	Antemeridian-vormittags!
BQ	Antwort auf Rückfrage.		**PM**	Post meridian-nachmittags!
BLN	Berlin.			
NY oder **NYK**	Neuyork.		**AR**	Schluß des Telegramms
LN	London.		**ANT**	Antenne
PA	Paris.		**BD**	schlecht
MD	Madrid.		**BITIS**	bis ich wieder rufe
KRIA	Kristiania (Oslo).		**CU**	Ich rufe Sie!
BAIRES	Buenosaires.		**CUL**	Rufe Sie später!
SOS	„Schiff in Not!"		**CRD**	Karte
RPT	Wiederholung.		**DX**	Fernempfang- u. -Senden
OK	Gut, in Ordnung!		**EN**	und
RT	Recht!		**ERE** oder **HR**	hier
PSE	Bitte!		**FB**	großartig, fein!
TKS	Danke!		**FM**	von
CW	ungedämpft		**FR**	für
ABT	ungefähr		**GA**	los, vorwärts!

GE	guten Abend	**SIGS**	Zeichen, Signale
GM	guten Morgen	**SK**	Schluß des Sendens.
GB	guten Tag	**SRI**	Schade, tut mir leid
GN	gute Nacht	**SVC**	Dienst
HW	Wie	**TFC**	Verkehr
HV	Habe(n)	**TGM**	Telegramm
HVNT	Habe(n) nicht	**TMW**	morgen
JMD	gestört	**THRU**	durch
NG	Nicht gut	**TTS**	das ist
ND	Nichts zu tun!	**TNG**	Dinge
NIL	Nichts vorliegend!	**U**	Sie
NITE	nacht	**UR**	Ihr(e)
NW	jetzt	**VY**	sehr
NM	nichts mehr	**WL**	will, werde
MI	mein	**WV**	Welle
MR	Mein Herr	**WKG**	arbeitend
MSG	Nachricht	**WD**	Wort
OM	alter Junge	**WDS**	Worte
PWR	Energie, Leistung	**YDAY**	gestern
R oder **RD**	erhalten, empfangen	**YR**	Ihr, Ihre
RDN	Ausstrahlung	**??**	Irrung, Fehler
RP	wiederholen	**KK**	bitte antworten
SG	gesandt	**73s**	mit Radiogrüßen

d) Nationalitätsbezeichnungen für Amateursender[1]):

Algier	**F**	Franz. Indochina	**F**	Palästina	**G**
Argentinien	**R**	Franz. Somali	**F**	Philippinen	**PI**
Australien	**A**	Großbritannien	**G**	Portorico	**U, PR**
Belgien	**B**	Hawaiinseln	**HU, U**	Portugal	**P**
Brasilien	**BZ**	Irrland	**IR, G**	Polargebiete	**U**
Brit. Indien	**Y, G**	Italien	**I**	Spanien	**E**
Canada	**C**	Japan	**J**	Tsch. Slovakei	**CK**
Chile	**CH**	Luxemburg	**L**	Tunis	**F**
Kolumbien	**CO**	Marokko	**F**	Ver. St. N. Am.	**U**
Kuba	**Q**	Mexico	**M**	Yougoslavien	**Y**
Dänemark	**D**	Mosul	**G, M**	Südamerika	**O**
Deutschland	**K**	Niederlande	**N**	do.	**SA**
Finnland	**S**	Neuseeland	**Z**	Schweden	**SM**
Frankreich	**F**	Norwegen	**NW**	Schweiz	**H**

[1]) Diese Buchstaben werden dem betreffenden Rufzeichen stets vorangestellt.

Anhang.

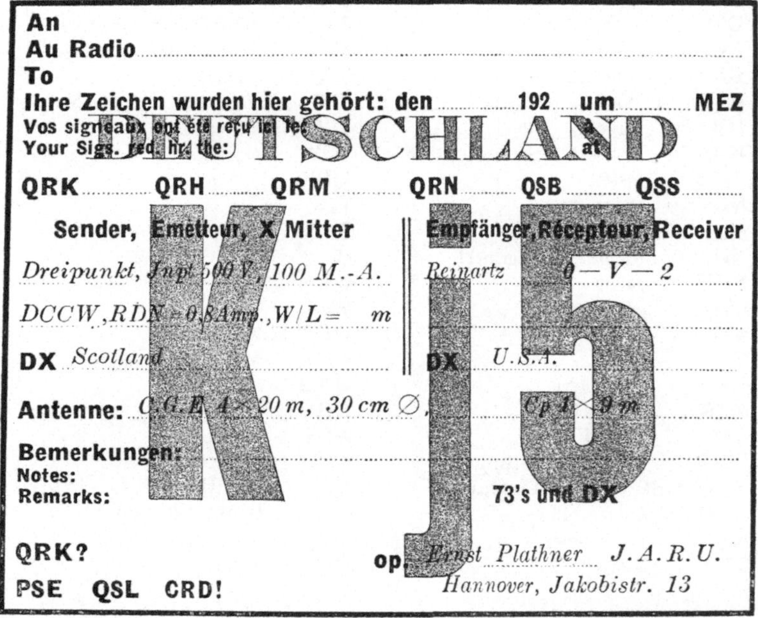

Abb. 98. Beispiel einer QSL-Karte. (Dieselben werden von den Amateur-sendern und Empfängern mit ihren Partnern gewechselt.)

Bibliothek des Radio-Amateurs. Herausgegeben von Dr. **Eugen Nesper.**

1. Band: **Meßtechnik für Radio-Amateure.** Von Dr. **Eugen Nesper.** Dritte Auflage. Mit 48 Textabbildungen. (56 S.) 1925.   RM 0.90

2. Band: **Die physikalischen Grundlagen der Radiotechnik.** Von Dr. **Wilhelm Spreen.** Dritte, verbesserte und vermehrte Auflage. Mit 127 Textabbildungen. (162 S.) 1925.   RM 2.70

3. Band: **Schaltungsbuch für Radio-Amateure.** Von **Karl Treyse.** Dritte, vollständig umgearbeitete und erweiterte Auflage. Mit etwa 175 Textabbildungen.   Erscheint im Frühjahr 1926.

4. Band: **Die Röhre und ihre Anwendung.** Von **Hellmuth C. Riepka,** Dritte, veränderte und vermehrte Auflage. Mit 242 Textabbildungen. (202 S.) 1926.   RM 5.40

5. Band: **Praktischer Rahmen-Empfang.** Von Ing. **Max Baumgart.** Zweite, vermehrte und verbesserte Auflage. Mit 51 Textabbildungen. (82 S.) 1925.   RM 1.80

6. Band: **Stromquellen für den Röhrenempfang** (Batterien und Akkumulatoren). Von Dr. **Wilhelm Spreen.** Mit 61 Textabbildungen. (76 S.) 1925.   RM 1.50

7. Band: **Wie baue ich einen einfachen Detektor-Empfänger?** Von Dr. **Eugen Nesper.** Zweite, vermehrte Auflage. Mit 31 Abbildungen im Text und auf einer Tafel. (60 S.) 1925.   RM 1.35

8. Band: **Nomographische Tafeln für den Gebrauch in der Radiotechnik.** Von Dr. **Ludwig Bergmann.** Mit 53 Textabbildungen und zwei Tafeln. Zweite, vermehrte Auflage. (94 S.) 1926.   RM 2.70

9. Band: **Der Neutrodyne-Empfänger.** Von **Oskar Schöpflin** und **Carl Eichelberger.** (Zweite Auflage des Buches „Der Neutrodyne-Empfänger" von Dr. **Rosa Horsky.**)   In Vorbereitung.

10. Band: **Wie lernt man morsen?** Von Studienrat **Julius Albrecht.** Zweite Auflage. Mit 7 Textabbildungen. (44 S.) 1925.   RM 1.35

11. Band: **Der Niederfrequenz-Verstärker.** Von Ing. **O. Kappelmayer.** Zweite, verbesserte Auflage. Mit 57 Textabbildungen. (112 S.) 1925.   RM 1.80

12. Band: **Formeln u. Tabellen** aus dem Gebiete der Funktechnik. Von Dr. **Wilhelm Spreen.** Mit 34 Textabbildungen. (80 S.) 1925.   RM 1.65

13. Band: **Wie baue ich einen einfachen Röhrenempfänger?** Von **Karl Treyse.** Mit 28 Textabbildungen. (55 S.) 1925.   RM 1.35

15. Band: **Innen-Antenne und Rahmen-Antenne.** Von Dipl.-Ing. **Friedrich Dietsche.** Mit 25 Textabbildungen. (67 S.) 1925.   RM 1.35

Bibliothek des Radio-Amateurs. Herausgegeben von Dr. Eugen Nesper. (Fortsetzung.)

16. **Band: Baumaterialien für Radio-Amateure.** Von **Felix Cremers.** Mit 10 Textabbildungen. (101 S.) 1925. RM 1.80

17. **Band: Reflex-Empfänger.** Von Radio-Ingenieur **Paul Adorján.** Mit 60 Textabbildungen. (61 S.) 1925. RM 2.10

18. **Band: Das Fehlerbuch des Radio-Amateurs.** Von Ing. **Siegmund Strauß.** Mit 75 Textabbildungen. (86 S.) 1925. RM 2.10

19. **Band: Rufzeichen-Liste für Radio-Amateure.** Von **Erwin Meißner.** (140 S.) 1925. RM 3.—

20. **Band: Lautsprecher.** Von Dr. **Eugen Nesper.** Mit 159 Textabbildungen. (145 S.) 1925. RM 3.30; gebunden RM 4.20

21. **Band: Funktechnische Aufgaben und Zahlenbeispiele.** Von Dr.-Ing. **Karl Mühlbrett.** Mit 46 Textabbildungen. (97 S.) 1925. RM 2.10

22. **Band: Ladevorrichtungen und Regenerier-Einrichtungen** der Betriebsbatterien für den Röhrenempfang. Von Dipl.-Ing. **Friedrich Dietsche.** Mit 56 Textabbildungen. (62 S.) 1926. RM 2.10

23. **Band: Kettenleiter und Sperrkreise in Theorie und Praxis.** Von Elektro-Ing. **C. Eichelberger.** Mit 120 Textabbildungen und einer Rechentafel. (100 S.) 1925. RM 3.—

24. **Band: Hochfrequenz-Verstärker.** Von Dipl.-Ing., Dr. phil. **Arthur Hamm.** Mit 106 Textabbildungen. (134 S.) 1926. RM 3.90

25. **Band: Die Hoch-Antenne.** Von Dipl.-Ing. **Friedrich Dietsche.** Mit 93 Textabbildungen. (97 S.) 1926. RM 3.—

27. **Band: Superheterodyne-Empfänger.** Von Ing. **E. F. Medinger.** Mit 49 Textabbildungen. (74 S.) 1926. RM 2.70

28. **Band: Die Methode der graphischen Darstellung** und ihre Anwendung in Theorie und Praxis der Radio-Technik. Von Dipl.-Ing. **O. Herold.** Mit 74 Textabbildungen. (87 S.) 1925. RM 2.70

In den nächsten Wochen werden erscheinen:

14. **Band: Die Telephonie-Sender.** Von Dr. **P. Lertes.**

26. **Band: Reinartz-Schaltungen.** Von Ingenieur **Walther Sohst.**

30. **Band: Aus der Werkstatt des Konstrukteurs.** Von Ing. **O. Kappelmayer.**

Hochfrequenzmeßtechnik. Ihre wissenschaftlichen und praktischen Grundlagen. Von Dr.-Ing. **August Hund,** Beratender Ingenieur. Mit 150 Textabbildungen. (340 S.) 1922. Gebunden RM 11.—

Grundlagen der Hochfrequenztechnik. Eine Einführung in die Theorie von Dr.-Ing. **Franz Ollendorff,** Charlottenburg. Mit 379 Abbildungen im Text und 3 Tafeln. (656 S.) 1926.

Gebunden RM 36.—

Der Poulsen-Lichtbogengenerator. Von **C. F. Elwell.** Ins Deutsche übertragen von Dr. **A. Semm** und Dr. **F. Gerth.** Mit 149 Textabbildungen. (190 S.) 1926. RM 12.—; gebunden RM 13.50

Radiotelegraphisches Praktikum. Von Dr.-Ing. **H. Rein.** Dritte, umgearbeitete und vermehrte Auflage. Von Prof. **Dr. K. Wirtz,** Darmstadt. Mit 432 Textabbildungen und 7 Tafeln. (577 S.) 1921. Berichtigter Neudruck. 1922. Gebunden RM 20.—

Die Vakuum-Röhren und ihre Schaltungen für den Radio-Amateur. Von **John Scott Taggart.** Deutsche Bearbeitung von Dr. **Siegmund Loewe** und Dr. **Eugen Nesper.** Mit 136 Textabbildungen. (188 S.) 1925. Gebunden RM 13.50

Radio-Schnelltelegraphie. Von Dr. **Eugen Nesper.** Mit 108 Abbildungen. (132 S.) 1922. RM 4.50

Technische Schwingungslehre. Ein Handbuch für Ingenieure, Physiker und Mathematiker bei der Untersuchung der in der Technik angewendeten periodischen Vorgänge. Von Privatdozent Dipl.-Ing. Dr. **Wilhelm Hort,** Oberingenieur Berlin. Zweite, völlig umgearbeitete Auflage. Mit 423 Textfiguren. (836 S.) 1922.

Gebunden RM 24.—

Technisches Denken und Schaffen

Eine gemeinverständliche Einführung in die Technik

von

Georg von Hanffstengel

Professor, Dipl.-Ingenieur, Charlottenburg

Dritte, durchgesehene Auflage (9.—16. Tausend)

Mit 153 Textabbildungen. (224 S.) 1922

Gebunden RM 4.—

Lehrbuch der drahtlosen Telegraphie. Von Dr.-Ing. **H. Rein.** Nach dem Tode des Verfassers herausgegeben von Prof. Dr. **K. Wirtz,** Darmstadt. Zweite Auflage. In Vorbereitung.

Drahtlose Telegraphie und Telephonie. Ein Leitfaden für Ingenieure und Studierende von **L. B. Turner.** Ins Deutsche übersetzt von Dipl.-Ing. **W. Glitsch,** Darmstadt. Mit 143 Textabbildungen. (229 S.) 1925· Gebunden RM 10.50

Der Fernsprechverkehr als Massenerscheinung mit starken Schwankungen. Von Dr. **G. Rückle** und Dr.-Ing. **F. Lubberger.** Mit 19 Abbildungen im Text und auf einer Tafel. (155 S.) 1924. RM 11.—; gebunden RM 12.—

Ⓦ **Franz X. Mayer's Handbuch des Telephon- und Telegraphendienstes.** Behelf für den Telegraphendienst und zur Vorbereitung für die Telegraphenprüfung. Dritte, verbesserte und erweiterte Auflage. Neubearbeitet und ergänzt von **Ferdinand Goretschan,** Wien. Mit 50 Abbildungen und 5 Tafeln. (Technische Praxis, Band XVIII.) (205 S.) 1924. Pappband RM 3.50; gebunden RM 4.40 *Ging Ende 1924 von der Waldheim-Eberle A.-G. (Wien) in meinen Verlag über.*

Die mit Ⓦ bezeichneten Werke sind im Verlag von Julius Springer in Wien erschienen.